高等院校信息技术规划教材

AnyLogic 7 in Three Days

系统建模与仿真

——使用AnyLogic 7

Ilya Grigoryev 著

韩鹏 李岩 赵强 译

清华大学出版社

北京

内容简介

本书是《AnyLogic 建模与仿真》的最新版本，针对 AnyLogic 7 的发布与新功能的增强，进行了诸多修订和补充。本书面向系统建模与仿真用户，介绍了建模与仿真基础理论、AnyLogic 安装与激活方法、基于智能体的建模方法、基于系统动力学的建模方法、基于离散事件的建模方法以及行人建模方法等内容，涵盖了使用 AnyLogic 常用系统模型的构建与应用。

本书可作为 AnyLogic 软件的入门学习用书，也可作为系统建模等课程以及大学建模竞赛的参考教材，还可作为广大科研人员、学者、工程技术人员的参考用书。

北京市版权局著作权合同登记号　图字：01-2014-2553

图书在版编目(CIP)数据

系统建模与仿真：使用 AnyLogic 7/(俄)格里高利耶夫著；韩鹏等译. —北京：清华大学出版社，2017

(高等院校信息技术规划教材)

ISBN 978-7-302-45698-8

Ⅰ. ①系…　Ⅱ. ①格…　②韩…　Ⅲ. ①离散系统(自动化)－系统仿真－高等学校－教材　Ⅳ. ①TP391.9

中国版本图书馆 CIP 数据核字(2016)第 295173 号

责任编辑：袁勤勇　赵晓宁
封面设计：常雪影
责任校对：焦丽丽
责任印制：沈　露

出版发行：清华大学出版社
网　址：http://www.tup.com.cn，http://www.wqbook.com
地　址：北京清华大学学研大厦 A 座　　邮　编：100084
社 总 机：010-62770175　　邮　购：010-62786544
投稿与读者服务：010-62776969，c-service@tup.tsinghua.edu.cn
质量反馈：010-62772015，zhiliang@tup.tsinghua.edu.cn
课件下载：http://www.tup.com.cn，010-62795764

印 装 者：北京国马印刷厂
经　销：全国新华书店
开　本：185mm×260mm　　**印　张**：10.75　　**字　数**：252 千字
版　次：2017 年 1 月第 1 版　　**印　次**：2017 年 1 月第 1 次印刷
印　数：1～2000
定　价：29.00 元

产品编号：068652-01

译者序

随着世界范围内建模与仿真学科的发展，各个行业对仿真工作的需求日益增加，也对仿真工作者的技能与仿真软件的性能提出了更高的要求。在这一背景下，AnyLogic 软件以其多方法联合建模的突出特点，在世界范围内得到了广泛的应用。尤其是近几年多种新特性的引入，使得 AnyLogic 软件迭代速度明显提高，建模与仿真能力也显著增强，表现出蓬勃的生命力和应用前景。

在这一背景下，我们引进并翻译了经典 AnyLogic 快速入门教材 *AnyLogic 7 in Three Days*。本书基于新版的 AnyLogic 7 软件，细致地讲解了系统建模与仿真基础理论、AnyLogic 安装与激活方法、基于智能体的建模方法、基于系统动力学的建模方法、基于离散事件的建模方法以及行人建模方法等内容，完整引入了新版本 AnyLogic 7 的全新特性，涵盖了使用 AnyLogic 常用系统模型的构建与应用，使之适合建模与仿真初学者快速形成软件的使用思路和良好的操作习惯，并赋予科研工作者们更强大的模型与仿真系统开发能力。

本书的编译工作得到了原作者 Ilya Grigoryev、东北大学的宋昕、谭雷等诸多专家和同行的支持，在此一并感谢。鉴于译者水平有限，以及建模与仿真工具的快速发展，本书难免存在不足之处，恳请专家和广大读者批评指正。

本书的出版得到了以下基金项目的支持：

- 国家自然科学基金项目(61603083)；
- 新世纪优秀人才支持计划项目(NCET-12-0103)；
- 辽宁省科学技术计划项目博士启动基金(201601029)；
- 河北省高等学校科学技术研究项目(QN2016315)；
- 东北大学基本科研业务项目(N152303010)。

译　者

2016 年 6 月

前言 foreword

这是第一本由 AnyLogic 开发人员撰写的实践性的 AnyLogic 7 教材。AnyLogic 是一个独特的仿真软件工具，支持系统动力学、离散事件和基于智能体建模三种仿真建模方法，使用户可以创造多方法的模型。

在结构上围绕消费者市场模型、传染病模型、加工车间模型、机场模型 4 个内容展开。此外，本书也给出了一些用于不同建模方法的理论。

您可以将这本书视为学习 AnyLogic 7 的入门指南。读过这本书并且完成练习后，您将能够利用流程流图创造离散事件模型和行人模型，绘制库存和流量图，以及创建简单的基于智能体的模型。

关于本书

与上一版相比，本书将主要做如下改动：

- 所有案例都按照最新版软件 AnyLogic 7.1.2 进行了更新；
- 引入一个新的离散事件加工车间模型。

关于作者

Ilya Grigoryev 是 AnyLogic 公司——一所专注于仿真咨询与 AnyLogic 仿真软件开发的软件公司培训服务负责人。作为 AnyLogic 文档与培训课程的作者，Ilya Grigoryev 已经在美国、欧洲、非洲和亚洲多个国家或地区进行了众多公开培训。他曾在多个机构做过仿真咨询顾问，并在 AnyLogic 公司工作了十余年，熟悉几乎关于仿真与 AnyLogic 的一切。

致谢

感谢 Edward Engel 在本书撰写中的帮助以及 Anna Klimont 对本书中案例的截图。

感谢所有的 AnyLogic 小组负责人：Alexei Filippov、Vasiliy Baranov、George Meringov 和 Nikolay Churkov，让我在 AnyLogic 开发小组中拥有一段快乐的时光。

感谢我的同事和好朋友：Tatiana Gomzina、Alena Beloshapko、Evgeniy Zakrevsky（AnyLogic 公司）、Vladimir Koltchanov（AnyLogic 欧洲）、Clemens Dempers（蓝马技术）和 Derek Magilton（AnyLogic 北美），给予我无限正能量。

此外，还要感谢 Vitaliy Sapounov 的建议和支持，感谢 Andrei Borshchev 对本书的巨大贡献，感谢 Timofey Popkov 和 George Gonzalez-Rivas 对本书出版的想法。

请广大读者不吝赐教。

Ilya V. Grigoryev

grigoryev@anylogic. com

目录

Contents

第1章 chapter 1

建模与仿真模型

建模是解决现实世界中各类问题的一种手段。通常，通过实物实验找到正确的解决方案，开销往往过于巨大，不论是构造实验、销毁实验还是在实验中进行任何的调整或改变都可能太过昂贵、出现危险或不切实际。因此，选择离开现实世界而进入如图 1-1 所示的模型世界，用建模语言构建模型来表示真实的系统。假设一个抽象的过程，保留那些重要的细节，忽视那些不重要的部分，则所建模型的复杂性比原系统大幅降低了。

模拟与真实世界的对比如图 1-1 所示。

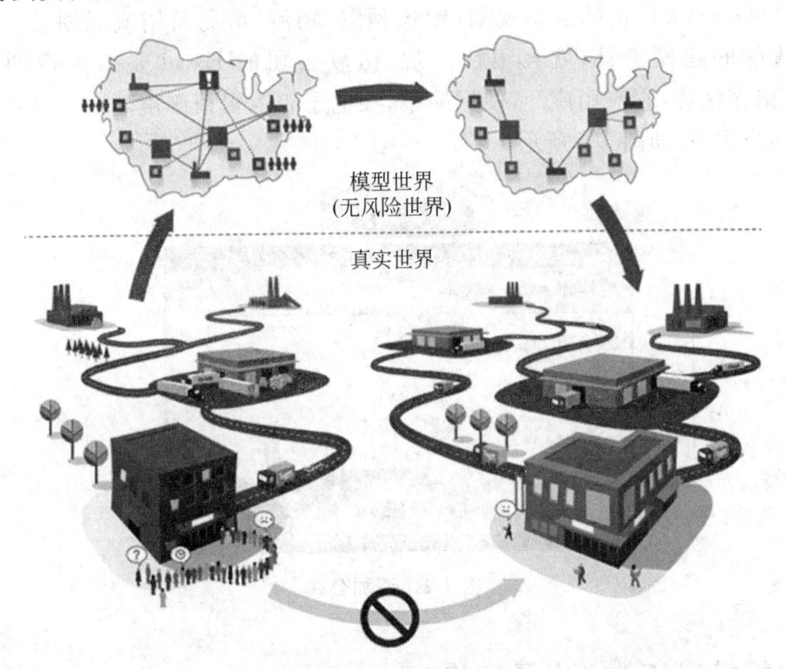

图 1-1　模型世界与真实世界的对比

说明：模型构建阶段将真实世界映射到模型世界、选择适合的抽象层级、选择适合的建模语言。这些不如通过模型来解决问题的过程显得正式，但它不仅是科学，更是艺术。

模型建好后或在模型构建的过程中，开始探索和理解系统的结构和行为。为测试其在各类条件下的表现，将模型在各类场景之中运行，对它们的性能进行比较和优化。求得解决方法后，便可以将其运用于真实世界。

说明：整个建模过程的本质，就是在一个零风险的，允许犯错、撤销、返回和重复的模型世界中，找到针对特定问题的解决方法。

1.1 模型的种类

模型的种类多种多样，包括用来理解现实世界中各事物如何运转的思维模型，如朋友、家庭、同事、驾驶员、居住的城镇、购买的物品、经济、运动和政治等。每天做的决定，包括对孩子说什么、早餐吃什么、选票投给谁，或是带女朋友去哪里共进晚餐，都是基于思维模型。

计算机是强大的建模工具，提供了灵活的虚拟世界，使用户可以创造所想到的一切。当然，计算机模型多种多样，既有可以模拟开销的电子表单，也有能够帮助经验丰富的用户探索如消费者市场、战场等动态系统的复杂的仿真建模工具。

1.2 解析方法与仿真建模

如果去问一个大机构的战略规划、销售预测、物流、市场营销或规划管理团队，什么是他们最青睐的建模工具，就会很快发现，微软公司的 Excel 是最流行的建模软件。Excel 具有诸多优势，它应用广泛，使用简单，在电子表逻辑精细度增高的情况下，支持将脚本添加到公式中，如图 1-2 所示。

图 1-2 添加公式

1.2.1 解析模型（Excel 电子表格）

电子表格模型所用的技术很简单：在一系列的单元格中输入模型的值，就可以在另外的单元格中查看输出值。在更复杂的模型中，使用公式或脚本实现输入值和输出值的连接。在多种插件方法的支持下，电子表格模型能够实现模型参数的变化、蒙特卡罗仿真或优化实验。

基于公式的解析方法存在着局限性，导致一大类问题的求解非常困难。这类问题主要包括动态系统问题，其特点如下：

- 行为的非线性；
- 记忆性；
- 变量间的非直观影响；
- 时间依赖性和因果依赖性；
- 以上各项的不确定性和大量的参数。

在多数情况下，不可能为这类系统找到正确的公式，更不可能建立适合这类系统的思维模型。

例如，在铁路或卡车车队的优化问题中，行驶调度、装载和卸载时间、交货时间限制以及容量等参数使得基于电子表格的建模方法难以实现。给定地点、日期和时间的汽车可用性依赖于一系列先前事件，而判断将空闲汽车送往何处又需要对一系列的未来事件进行分析。

说明： 公式适合表达静态的变量间的依赖关系，而不适合描述具有动态行为的系统，因此使用仿真建模技术，来分析动态系统。

仿真模型通常是可执行模型，可以运行并且构建系统状态变化的轨迹。仿真模型可以理解为是一个描述系统当前状态如何向下一状态转化的规则集合。这些规则可以表现为多种形式，包括差分方程、状态图、流程流图以及调度方案。模型的输出可在模型运行时观测。

1.2.2 仿真模型

仿真建模需要通过具有专用仿真语言的软件工具实现。虽然顺利地完成仿真建模需要经过一定的培训学习，但这会让用户在创建高质量的动态系统分析模型中备感受益。

了解微软公司的 Excel 或具有编程经验的人试图使用电子表格模拟动态系统。他们试图捕获更多的模型细节，从而不可避免地开始复制 Excel 模拟器的功能，但最终的模型往往运行缓慢，难以管理，只得很快放弃。

事实上，这类问题的模型细节是无法用解析方法获得的。即使有公式可以实现对细节的配置，一些小的流程改动就会使这些配置失效，而恢复这些配置需要专业的数学人员进行大量的工作。

1.2.3 仿真建模的优势

仿真建模主要有 6 大优势：

(1) 仿真模型可以分析和求解系统，而解析计算方法和线性规划方法无法做到。

(2) 选择好抽象层级后，开发仿真模型比解析模型更容易。只需较少的知识就可以实现模型的可伸缩性、可扩展性和模块化。

(3) 仿真模型的结构自然地反映了原系统的结构。

(4) 在仿真模型中，可以在抽象层级之间实现数值的测量和实体的追踪，并可以随时增加测量和统计分析功能。

(5) 运行和实时显示系统行为动画是仿真的重要优势。动画在效果展示、验证和调试过程中非常实用。

(6) 仿真模型比 Excel 电子表格更具说服力。有仿真支持的观点比只有数字支持的观点更有优势。

1.3 仿真建模的应用

仿真建模已经在广泛而多样的应用领域中积累了众多的成功案例。随着新的建模方法和建模技术的涌现以及计算机性能的快速增长，仿真建模技术将应用到更加广泛的领域中。

仿真的应用

图 1-3 列出了按照对应模型抽象层级进行分类的仿真应用。

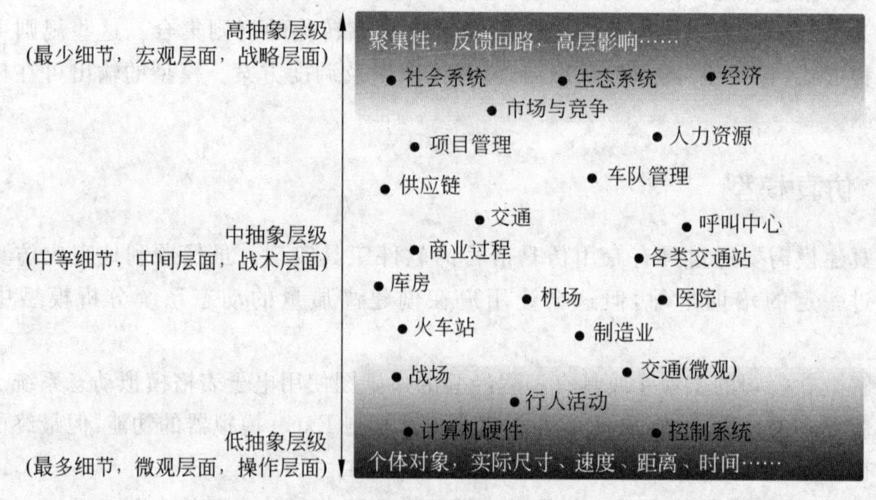

图 1-3 仿真建模抽象层级的划分

在图 1-3 中，底部是低抽象层级的物理层模型，用于表示现实世界中具有最大化细节的实体。在这一层，主要关心物理交互、维度、速度、距离和时间。例如，一辆汽车的刹车防抱死过程、球迷从球场的撤离过程、交通灯控制下的路口交通以及战场上士兵的行为等，这些都是低抽象层级模型的典型实例。

在图 1-3 中，上部的高抽象层级模型是高度抽象的，通常考虑顾客人数、雇员统计数据等汇聚性的事物，而不考虑单个个体。这种高抽象层级建模与交互有助于用户理解各类关系。例如，在研究公司广告上的花费是如何影响销量的问题中，无须模拟其中间步骤。

其他的模型处于中抽象层级。如果模拟医院急诊室，若想了解从急诊室到 X 光室的步行时间，所关心的是物理空间，但如果预先假设了医院中没有拥塞发生，则人与人之间的物理交互不相关。

在对商业过程和呼叫中心的建模中，需要模拟操作过程的顺序和持续时间，而不需要模拟操作过程在何处发生；在交通模型中，需要考虑卡车或列车的速度，但是在更高抽象层级的供应链模型中，只是简单假设需要一个7～10天到达的订单。

说明：选择合适的抽象层级对于成功建模至关重要。如果事先确定该抽象层级所包含的部分与舍弃的部分，建模是相当容易的。

在模型的开发过程中，偶尔重新考虑抽象层级是正常且合理的。在多数情况下，可以从高的抽象层级开始建模，逐渐增加所需要的细节。

1.4 仿真建模的三大方法

现代仿真建模主要采用离散事件建模(DE)、基于智能体建模(AB)和系统动力学建模(SD)三种方法，如图1-4所示。

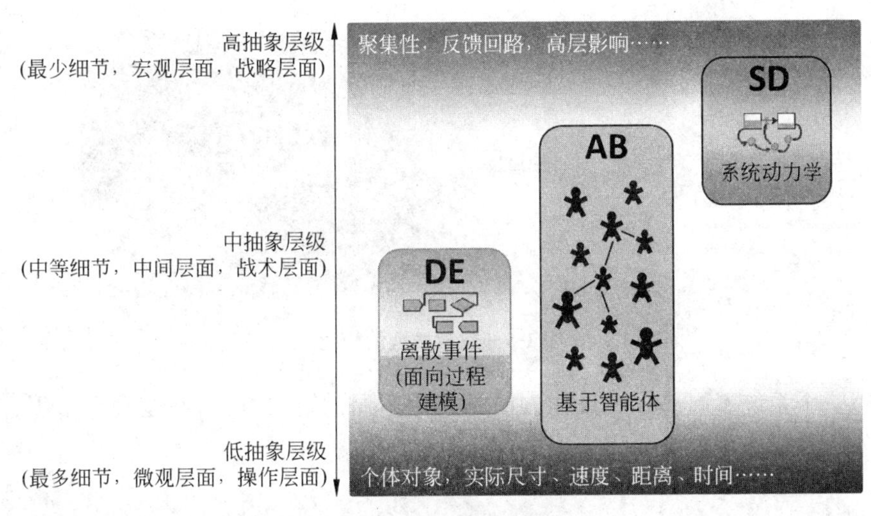

图1-4 现代仿真建模的方法

建模仿真方法

建模仿真方法，就是将现实世界系统映射到模型的框架。仿真建模方法给出了适用于仿真的建模语言和一系列的术语和条件，建模方法主要包括以下三种：

- 离散事件建模；
- 基于智能体建模；
- 系统动力学建模。

每一种建模方法都适用于特定的抽象层级范围。系统动力学建模适于较高的抽象层级，其在决策建模中已经得到了典型应用；离散事件建模支持中层和中下层的抽象层级；基于智能体建模适于中抽样层级的模型，它既可以实现较低抽样层级的物理对象细节建模，也可以实现公司和政府等较高抽象层级的建模。

选择仿真建模方法要基于所需模拟的系统和建模的目标。以如图 1-5 所示的超市模型为例，建模者的问题将在很大程度上决定超市模型如何创建。可以构建一个流程流图，将顾客视为实体，雇员视为资源，也可以将顾客视为受广告、通信与交互作用影响的智能体，创建基于智能体的建模，或将销量视为受广告、服务质量、价格和顾客忠诚度影响的反馈变量。

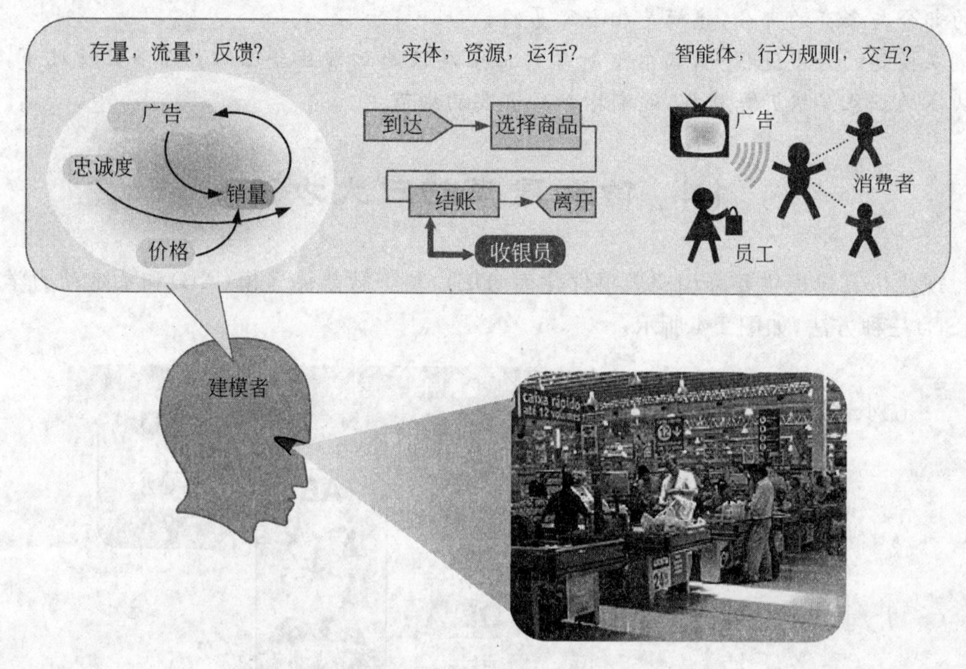

图 1-5 超市模型的构建

模拟一个系统不同部分的最佳方法是使用不同的建模方法，在这种情形下，多方法建模将发挥重要作用(Borshchev，2013)。

第2章 chapter 2

安装并激活 AnyLogic

AnyLogic 7 专业版的安装过程十分简单便捷。首先从 www.anylogic.com 网站下载 AnyLogic 7,然后按照以下步骤进行安装。

(1) 运行 AnyLogic。如果软件尚未激活,AnyLogic 激活向导将会自动显示。

(2) 在"激活 AnyLogic"页面,选择"请求有时间限制的评估密钥。密钥将通过电子邮件发送给您。"单选按钮,单击"下一步"按钮,如图 2-1 所示。

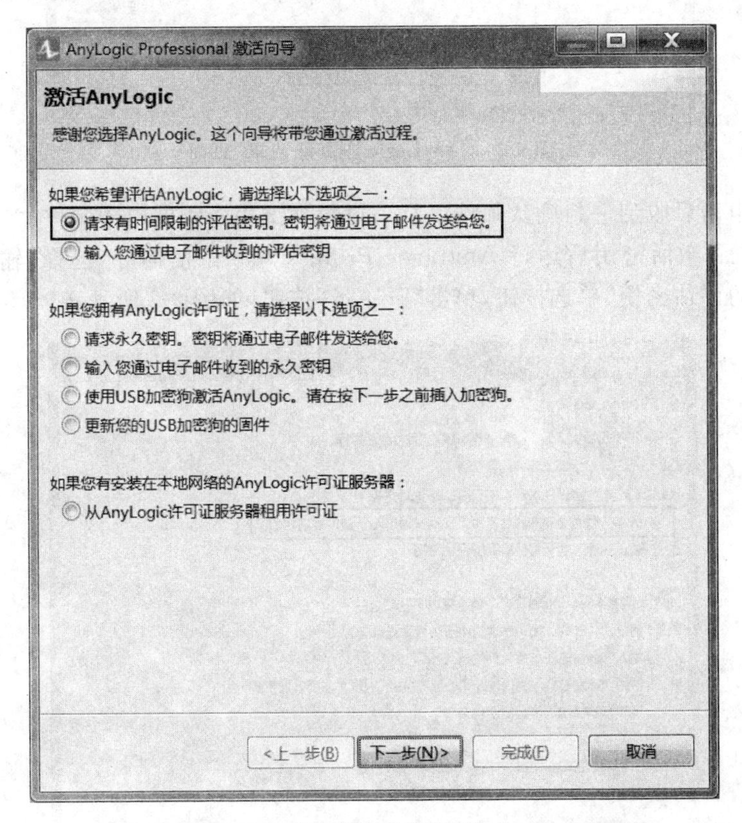

图 2-1　AnyLogic 激活向导中的"激活 AnyLogic"页面

(3) 在"AnyLogic 许可证请求"页面输入个人信息,单击"下一步"按钮,如图 2-2 所示。

图 2-2 “AnyLogic 许可证请求”页面

在提交申请后收到一封确认邮件以及一封包含试用密钥的电子邮件。

(4) 在收到激活密钥后运行 AnyLogic Professional 激活向导，选择“输入您通过电子邮件收到的评估密钥”单选按钮，单击“下一步”按钮，如图 2-3 所示。

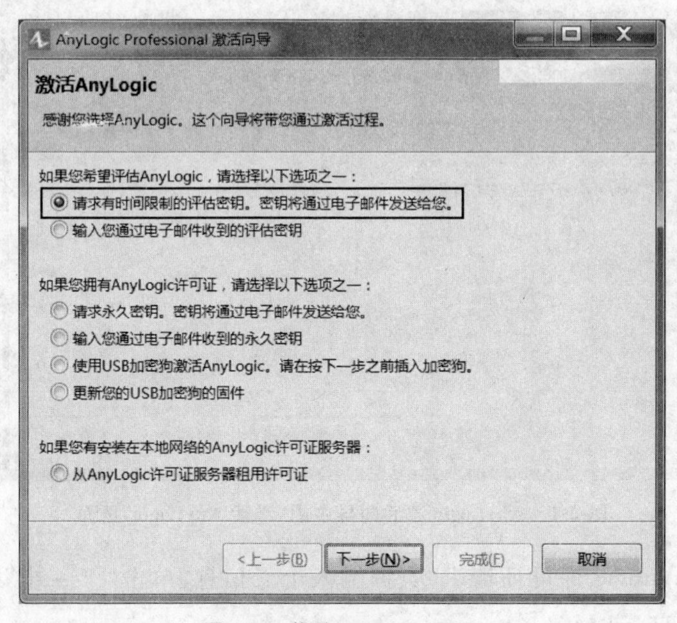

图 2-3 激活 AnyLogic 页面

(5) 复制收到邮件中的激活密钥，粘贴到“请在这里粘贴密钥:”文本框中，单击“下一步”按钮，如图 2-4 所示。

图 2-4 “输入解锁密钥”页面

(6) 这时，系统将给出通知信息，显示产品已被成功激活，如图 2-5 所示。

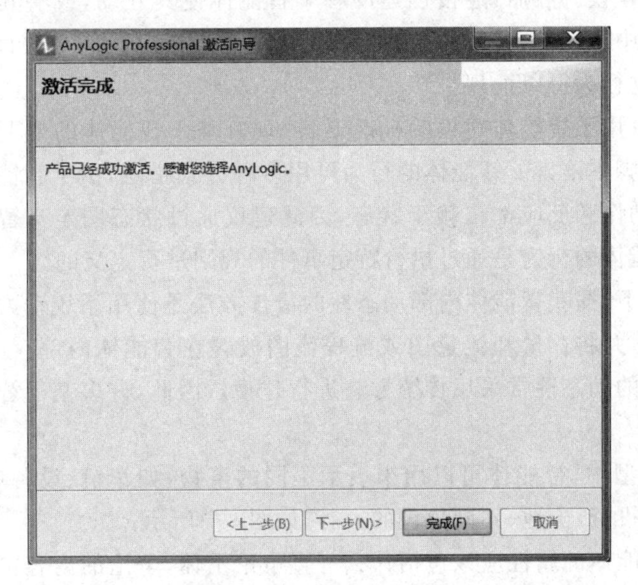

图 2-5 “激活完成”页面

(7) 单击“完成”按钮。现在，已经完成了 AnyLogic 的激活过程，可以开发第一个模型了。

第3章 chapter 3

基于智能体建模

相比于系统动力学建模和离散事件建模，基于智能体建模是一个比较新的建模方法。事实上，在 2002—2003 年仿真实践者们使用它之前，基于智能体的建模主要存在于在学术界。其兴起的原因为：

- 希望对系统有更深的认识，而传统的建模方法无法胜任；
- 计算机科学带来的建模技术新发展，如面向对象建模、UML 和状态图等；
- 随着 CPU 性能和存储技术的快速发展，相比于系统动力学模型和离散事件模型，基于智能体模型有更多的需求。

基于智能体的建模提供给建模者另一种观察系统的方式：

通常，用户可能不知道系统行为、无法确定关键变量及其相关性或无法识别一个过程流，但可以洞察系统中对象的行为。在这种情况下，可以通过创建对象(智能体)并定义其行为来进行建模。然后，连接创建的各个智能体使其互动，或将其放置在具有动态特性的特定环境中。这样，系统的全局行为可以通过大量(数十个、数百个、数千个、数百万个)并发的独立行为得以涌现。

目前，尚没有用于智能体建模的标准语言，现有基于智能体的模型结构主要来源于可视化编辑器或脚本语言。智能体的行为可用多种方式指定，由于智能体通常具有特定的状态，并且其动作和反应都依赖于状态，因此建议通过状态图定义智能体的行为。此外，还有一些智能体的行为是通过执行特定事件的规则进行定义的。

在多数情况下，捕获智能体内部动态性的最佳方法是使用系统动力学建模方法和离散事件建模方法，并将存量和流量图或流程流图放置在智能体内部。而在智能体外部，智能体所处环境的动态性常采用传统方法进行建模。因此，许多基于智能体的模型都是多方法模型。

在智能体模型中，智能体可以用来表示不同的事物，如车辆、设备单元、项目、产品、想法、组织机构、投资、土地、不同角色的人等，如图 3-1 所示。

学术界对智能体的属性应该包括什么一直争论不休，争论的内容包括智能体的主动与被动特性、空间感知能力、学习能力、社交能力、智力等。在基于智能体的建模应用中，智能体的例子多种多样，有的可以相互通信，有的却彻底隔离；有的处于空间中，有的却不在空间中；有的可以学习和适应，有的却从不改变行为模式。

不同角色的人：
消费者、市民、职员、病人、医生、
客户、士兵…

设备、车辆：
卡车、汽车、吊车、
飞行器、火车、机械…

非物质事物：
项目、产品、创新、想法、投资…

组织机构：
公司、政党…

图 3-1 智能体

以下事实有利于读者正视学术界的文献或基于智能体建模的各种理论：

- 智能体不是细胞自动机。智能体无须处于离散空间（如生命游戏中的网格）。在很多基于智能体的模型中，并没有空间这一概念。当涉及空间时，大多也是指连续空间，如一个地理地图或设施平面图等。
- 智能体不必是人。任何事物都可以是智能体：汽车、设备、项目、想法、组织机构，甚至是一次投资。在一个钢厂模型中，每一个机器都被建模为一个活动对象，而模拟它们的交互炼钢过程就是一个基于智能体的模型。
- 绝对被动的对象也可以是智能体。例如，可以模拟一个供水管路网络，将管路网段设为智能体，即可研究相关的保养、替换调度、开销、损坏等事件。
- 基于智能体建模中可以有大量智能体，也可仅有少量智能体。智能体可以是同一类型的，也可以是不同类型的。
- 一些基于智能体的模型中智能体是不交互的。例如，在健康经济学领域所用到的饮酒、肥胖、慢性病等模型中，个体的动态仅取决于个人特性参数，在部分情况下取决于环境。

3.1 市场模型

本节将建立一个基于智能体的消费者市场模型。模型中的每一个消费者都是一个智能体，该模型可帮助了解产品进入市场的过程。因为人的决策通常具有随机性，所以基于智能体建模方法是理想的模拟市场仿真的方法。

进行以下假设：

模型中有 5000 人未使用过该产品，但在广告和口碑效应的作用下，他们最终会购买该产品。

3.2 创建智能体群

首先建立一个简单模型,模拟消费者在广告的影响下购买该产品。

最初消费者并未使用该产品,但是均具有使用该产品的潜在兴趣(即潜在用户)。广告可让消费者产生购买该产品的需求,在特定的某一天一定百分比的潜在用户可能对购买该产品产生兴趣。为实现该功能,设置 Advertizing effectiveness=0.1 确定某一天准备购买该产品的潜在用户的百分比。

运行 AnyLogic 软件,显示"欢迎"页面。

"欢迎"页面介绍了 AnyLogic 软件,提供了非常实用的项目及其特征的概述,并给出示例模型供用户学习,如图 3-2 所示。

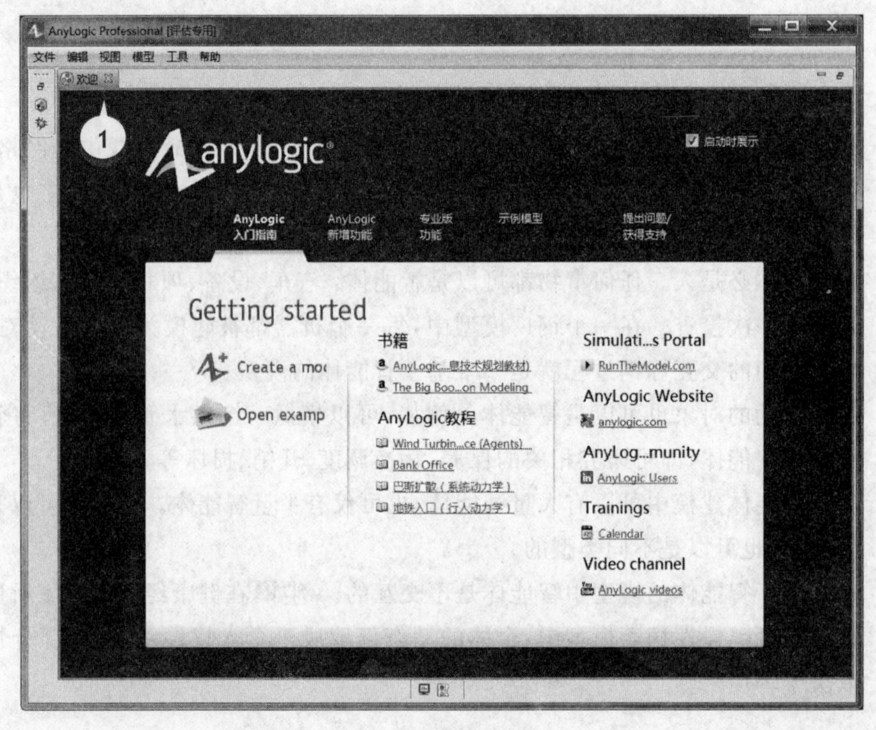

图 3-2 欢迎页面

(1) 关闭"欢迎"页面,在主菜单中依次选择"文件"→"新建"→"模型"命令来创建一个新的模型。该操作将打开"新模型"向导对话框,如图 3-3 所示。

(2) 在"模型名称"文本框中,输入新模型的名称 Market。

(3) 在"位置"文本框中,设置存储所建立模型的文件夹。可以通过单击"浏览"按钮来浏览文件夹或在"位置"文本框中直接输入文件夹的名称。

(4) 单击"完成"按钮,完成设置。

AnyLogic 界面如图 3-4 所示。

图 3-3 “新模型”对话框

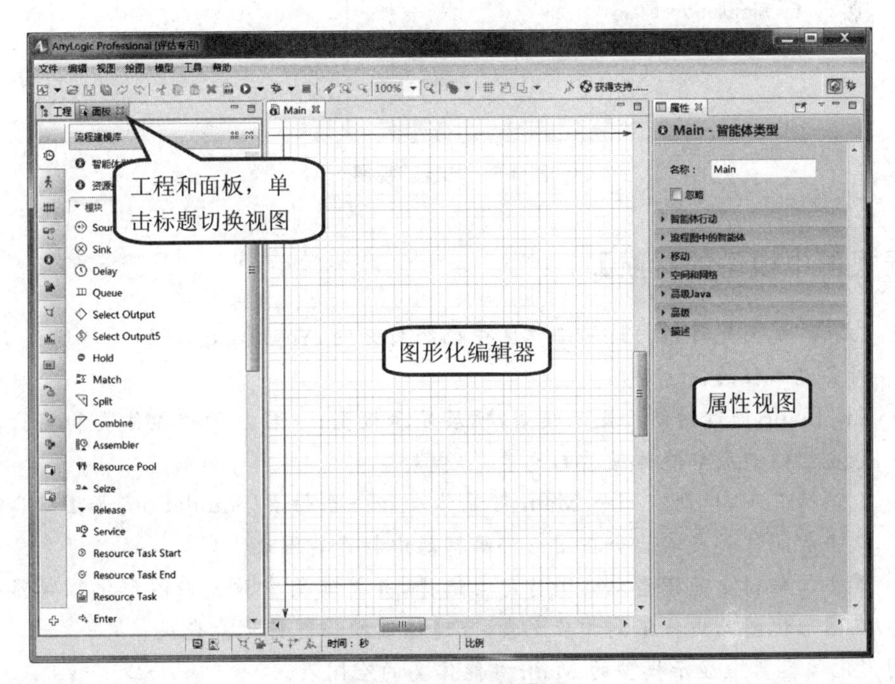

图 3-4 AnyLogic 界面

【AnyLogic 工作区】

图形化编辑器可以使用户编辑智能体类的图表，通过将其从“面板”中拖曳到图形化编辑器，放置在编辑器的画布上，可实现模型元素的添加。放置在蓝色框架内的元素会在模型运行时显示于模型窗口。

“工程”视图可以使用户访问工作区中已经打开的 AnyLogic 模型，工作区树可以实现模型的快速导航。

“面板”视图中列出了面板中的对象组。如果向模型中添加元素，只需将元素从面板中拖曳到图形化编辑器即可。

“属性”视图允许用户查看或修改所选项目的属性。

若要打开或关闭一个视图，需从“视图”菜单中选择相应的项目。项目在选定后，其视图可见。

使用鼠标拖曳视图的边缘，可调整视图的尺寸。

通过“工具”菜单中的“重置视图”命令可将视图恢复到其默认位置。

(5) 打开“工程”视图查看模型的结构。“面板”和“工程”视图位于工作区的左侧，单击相应的标签可对“面板”视图和“工程”视图进行切换。“工程”视图如图 3-5 所示。

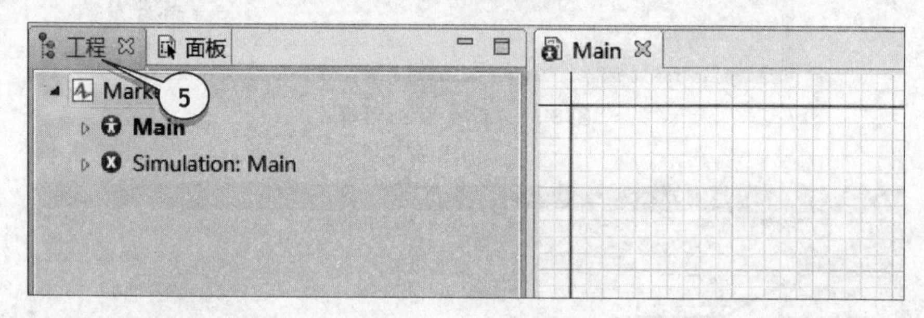

图 3-5 “工程”视图

【工程视图中模型的导航】

- “工程”视图允许用户访问工作区中已经打开的 AnyLogic 工程，并可通过工作区树实现工程的快速导航。
- AnyLogic 通过树结构显示模型，顶层显示模型；中层显示智能体类和实验；底层分支组织组成智能体结构的元素。
- 默认情况下，模型有一个 Main 智能体类和一个仿真 Simulation，如图 3-6 所示。双击智能体类或实验会在图形化编辑器中打开其图表。
- 单击工程树中的模型元素进行元素选择，并将其集中放置在图形化编辑器中，若在图形化图表中找不到相应元素，可通过该操作进行元素查找。

图形化编辑器中显示模型的 Main 智能体类的空图表。

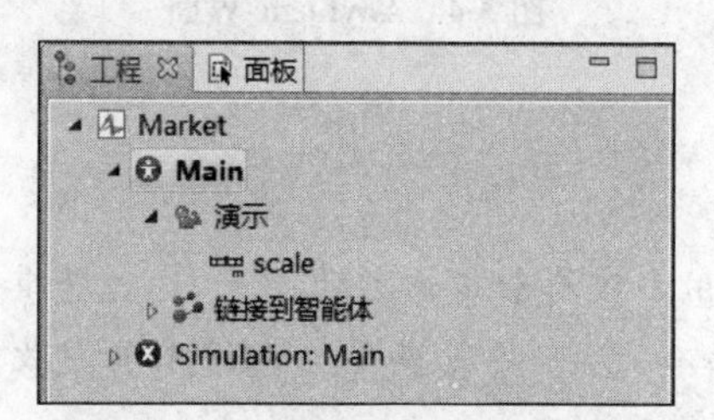

图 3-6 Main 智能体类的空白表

【智能体】

智能体是模型的构建模块，用户可以利用其模拟现实世界中的各类对象，包括组织结构、公司、卡车、加工站、资源、城市、零售商、物理对象、控制器等。

通常每个智能体表示模型的一个逻辑部分，因此可将模型分解成许多细节层级。

本案例中模型只有一个智能体类 Main。若要添加消费者，需首先建立表示消费者的智能体类，再将所建智能体类的各实体组成智能体群。在 AnyLogic 7 中，可以通过“新建智能体”向导建立智能体。

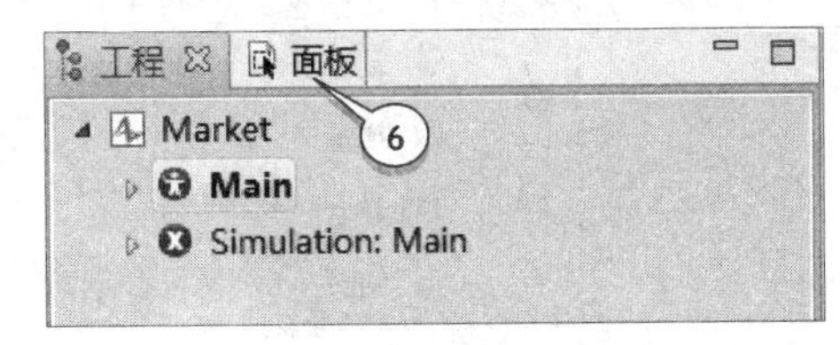

图 3-7 “面板”标签

(6) 添加一个新的模型元素，需首先单击图 3-7 中“面板”标签，将视图切换到“面板”视图。

(7) 打开“智能体”面板。打开一个指定的面板，进入“面板”视图，将鼠标悬浮在视图的垂直导航面板上方。

(8) 扩展视图可显示所有的面板名称，用户可对任意所需面板进行选择。单击并选择“智能体”面板，如图 3-8 所示。

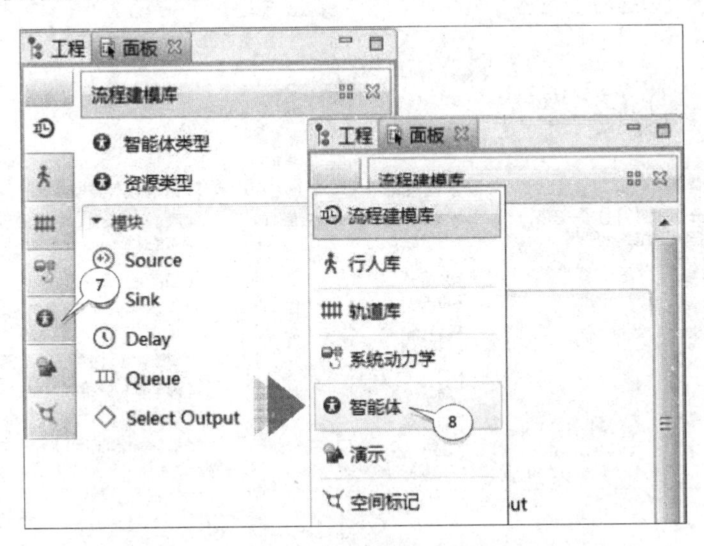

图 3-8 “智能体”面板

熟悉这些图标以后，可直接单击导航栏中相应的面板图标。

(9) 将“智能体”从“智能体”面板中拖曳到 Main 图表中，此时“新建智能体”向导将打开，如图 3-9 所示。

(10) 进入“第 1 步. 选择你想创建什么”页面，选择最能满足建模需求的选项。在本案例中，要创建多个同类型智能体，因此选择“智能体”群并单击“下一步”按钮，如图 3-10 所示。

(11) 进入“第 2 步. 创建新的智能体类型”页面，在“新类型的名称”文本框中输入

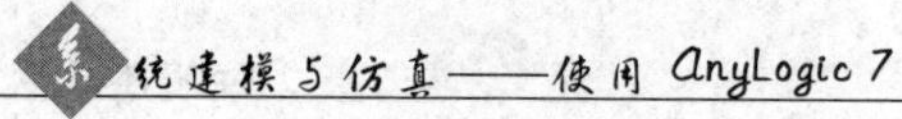

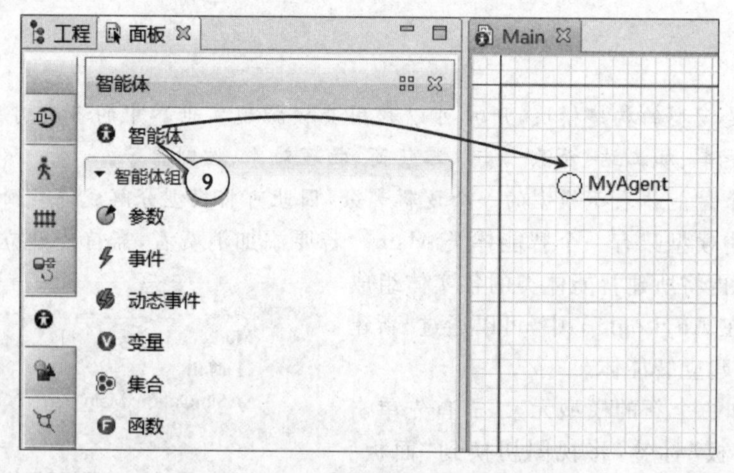

图 3-9 Main 图表中新智能体 MyAgent

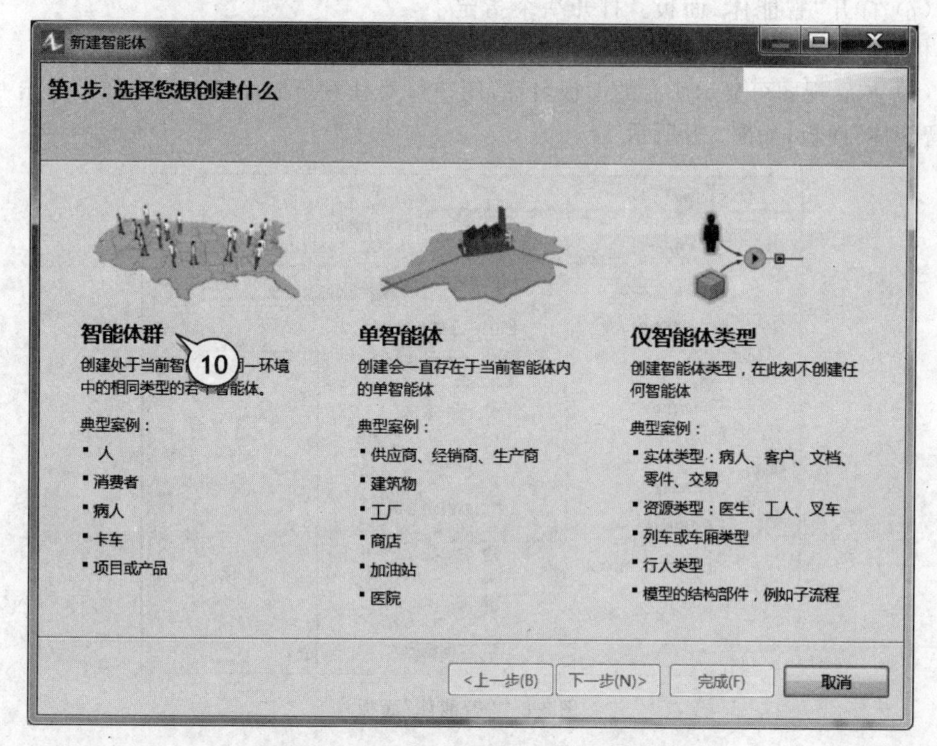

图 3-10 “第 1 步. 选择你想创建什么”页面

Consumer。此时,“智能体群名”文本框中的信息自动变成 consumers,如图 3-11 所示。

(12) 然后单击“下一步”按钮。

(13) 在进入的“智能体动画”页面中,选择智能体的动画图形。在本示例模型中,因为使用二维动画创建了一个简单的模型,因此选择“二维”单选按钮,并选择列表中的第一项“人”,单击“下一步”按钮,如图 3-12 所示。

(14) 进入“智能体参数”页面,定义智能体的参数或特征。

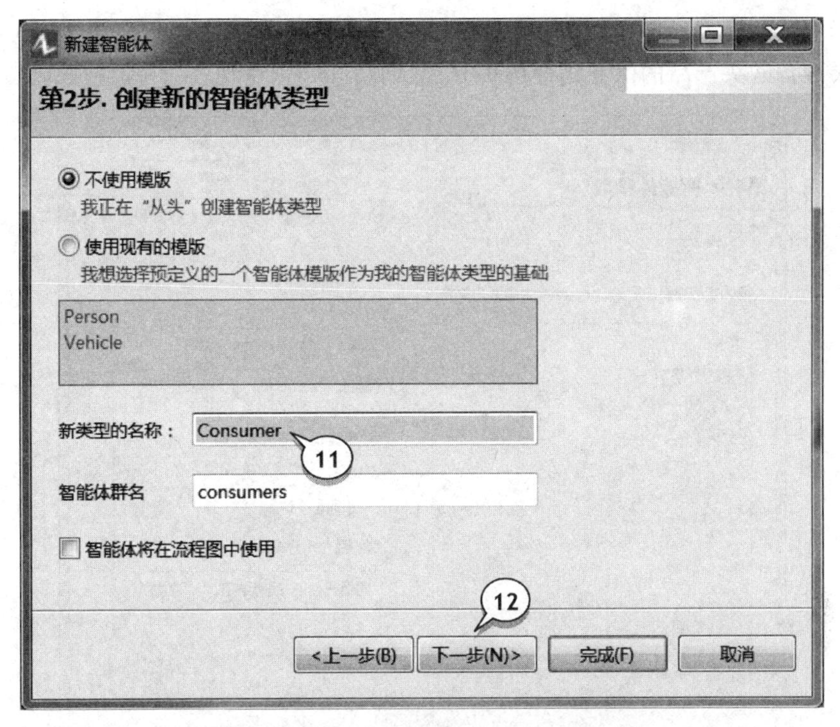

图 3-11 “第 2 步. 创建新的智能体类型”页面

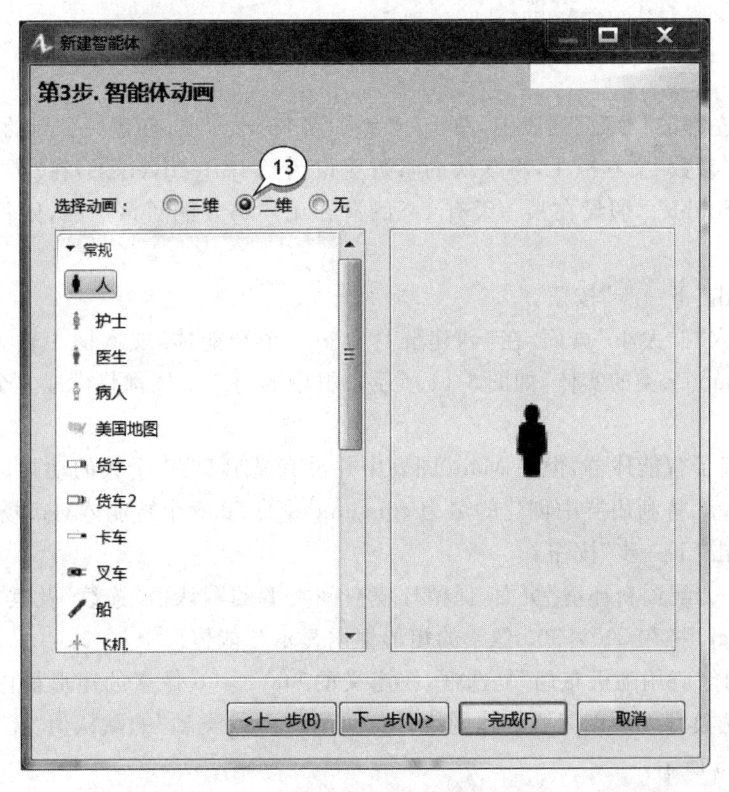

图 3-12 “第 3 步. 智能体动画”页面

由于本示例模型只考虑广告相关的产品购买，因此添加参数 AdEffectiveness，定义在某一天准备购买产品的潜在用户的百分比，如图 3-13 所示。

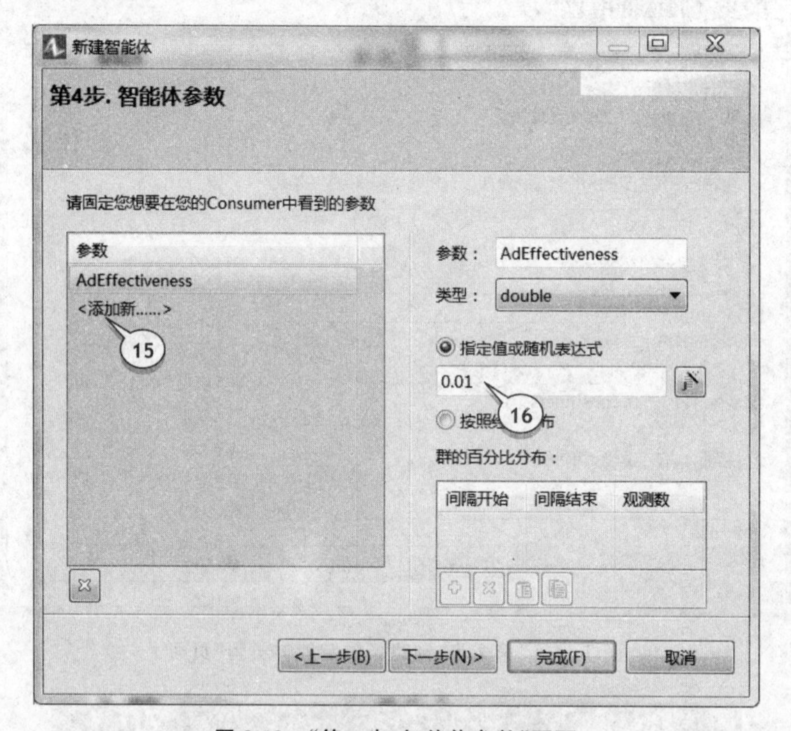

图 3-13 “第 4 步. 智能体参数”页面

(15) 在左部的“参数”列表中，单击“<添加新……>”项，创建一个新的参数。

(16) 在“参数”文本框中，将默认的参数更改为 AdEffectiveness，在“类型”下拉列表框中选择为 double。假设在某一天有 1% 的潜在用户将要购买该产品，则将参数值设置为 0.01。

(17) 单击“下一步”按钮。

(18) 进入“群大小”页面，在“创建群具有……个智能体”文本框中输入 5000，创建 5000 个 Consumer 类的实体，如图 3-14 所示。群中的每个实体都将模拟一个特定的智能体，即用户。

虽然创建了智能体群，但在 Main 图表中并没有显示 5000 个人的动画。而在模型运行时，AnyLogic 将利用群中创建的名为 consumers 的 5000 个智能体对市场进行仿真。

(19) 单击“下一步”按钮。

(20) 进入“配置新环境”页面，保留环境空间类型的默认值“连续”及其“大小”500×500。AnyLogic 将在 500×500 像素的矩形框内显示智能体。

(21) 选择“应用随机布局”复选框，在定义的 500×500 像素的矩形框内随机分布智能体。本示例模型无须创建智能体网络，因此保留“网络类型”的默认值“无网络/用户定义”，如图 3-15 所示。

(22) 单击“完成”按钮。

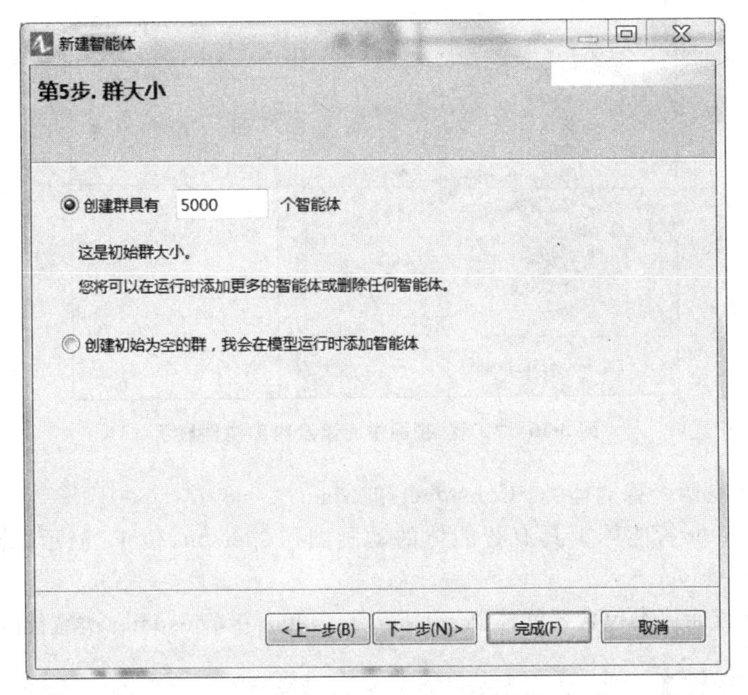

图 3-14 “第 5 步. 群大小”页面

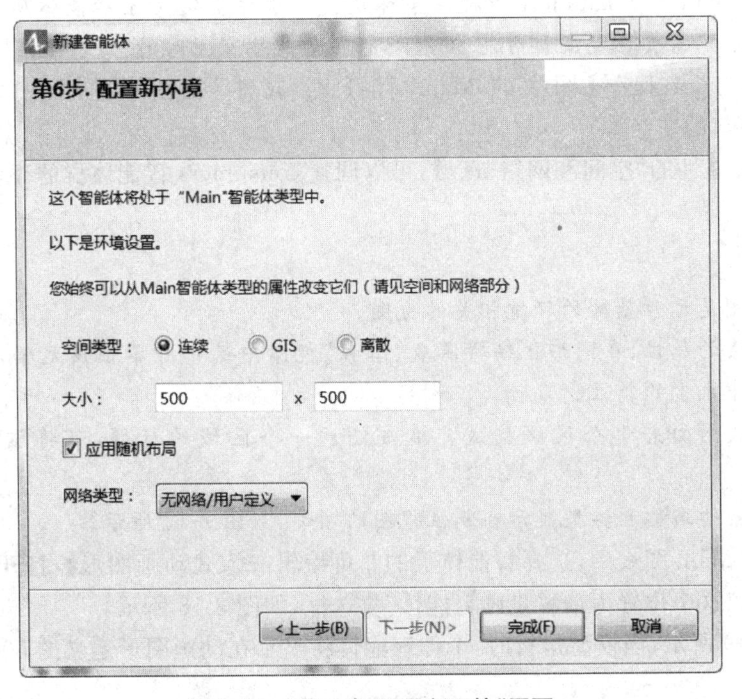

图 3-15 “第 6 步. 配置新环境”页面

(23) 通过“工程”视图查看利用向导创建的新元素，展开模型树的分支查看其内部构件，如图 3-16 所示。

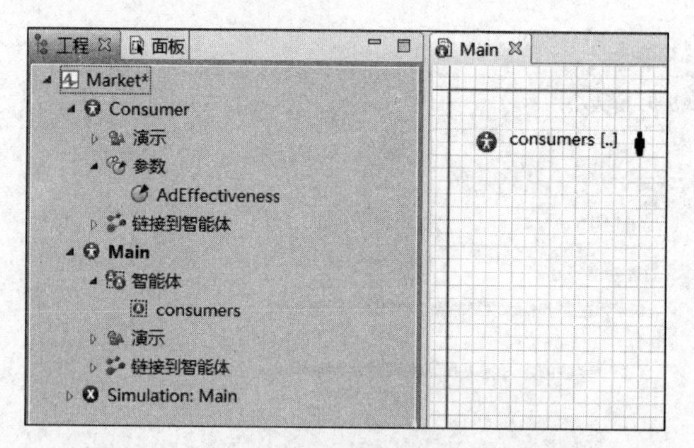

图 3-16 “工程”视图中元素及内部构件显示

模型中现有两个智能体类：Consumer 和 Main。

- Consumer 智能体类具有智能体的动画图形（person，位于“演示”分支）和参数 AdEffectiveness。
- Main 智能体类包含智能体群 consumers（5000 个 Consumer 类智能体的集合）。

【智能体的环境】

智能体 Main 为 consumers 群提供了环境。由于环境定义了智能体所需的空间、布局、网络和通信，需要环境安排智能体演示，模拟智能体交互时的“口碑效应”。

(24) 单击“工程”视图中的 Main，打开其“属性”视图中的属性（“属性”位于 AnyLogic 窗口的右半部）。

在 Main 属性的“空间和网络”区域，可以调整 consumers 智能体群的环境设置。

【属性视图】

属性视图是元素属性的环境相关的视图。

修改元素的属性，在图形化编辑器或“工程”视图中选中并单击该元素，利用“属性”视图修改选中元素的属性。

“属性”视图由若干个区域构成。单击任意一个区域的标题，可将该区域展开或关闭。

所选元素的名称和类型显示在属性视图的顶部，如图 3-17 所示。

(25) 在 Main 图表中，选择智能体群的非可编辑嵌入式动画图形，打开“高级”属性区域，选择“以这个位置为偏移量画智能体”复选框，如图 3-18 所示。

如图 3-19 所示，当模型运行时，个体智能体将显示在动画图形定义的 500×500 像素的区域中。

至此，完成了这个简单模型的创建。运行该模型并观察其行为。

(26) 在工具栏中，单击构建模型按钮创建该模型，并检查所建模型是否存在错误。

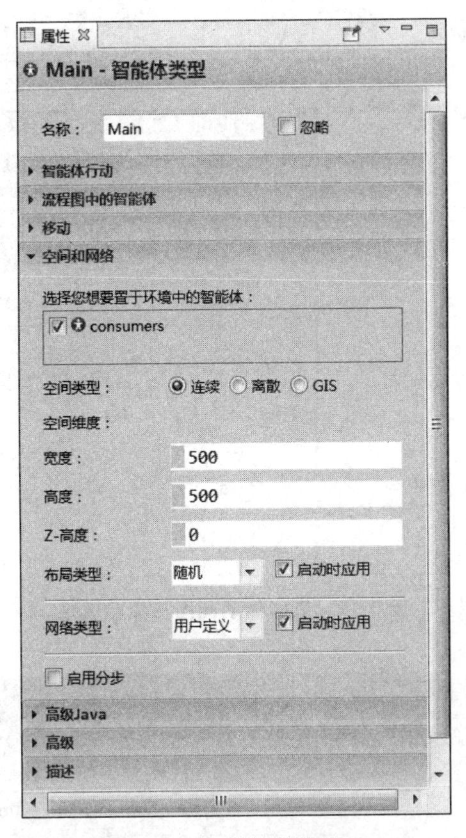

图 3-17 智能体属性视图

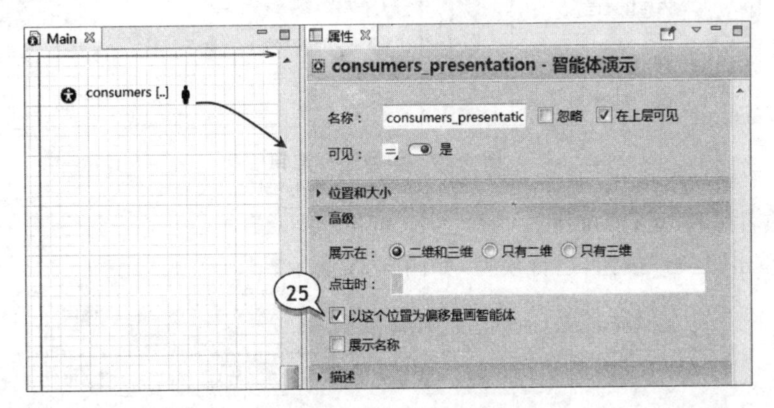

图 3-18 智能体演示设置

(27) 在运行按钮处，单击其右侧的下三角按钮，在下拉列表框中选择 Market/Simulation，如图 3-20 所示。

由于可以同时打开几个模型，而每个模型可能包含若干仿真，因此必须选择正确的仿真。

开始运行模型后，演示窗口显示启动的仿真 Simulation。默认情况下，演示窗口显示

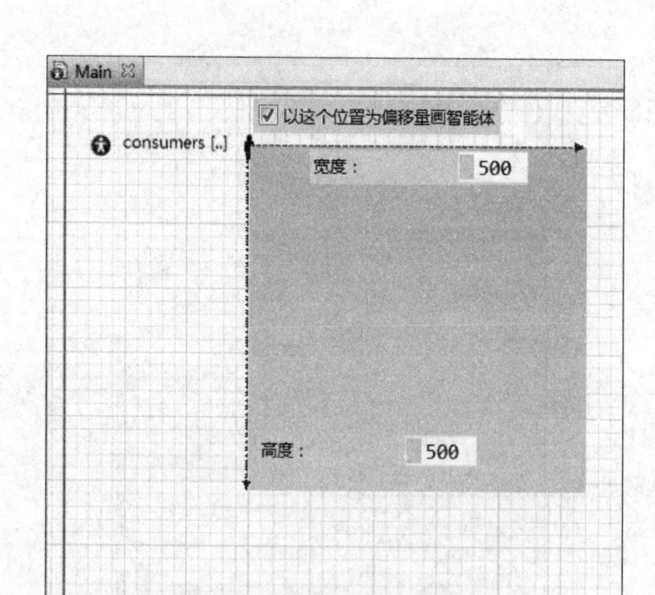

图 3-19　智能体动画图形显示区域

图 3-20　模型运行按钮

运行模型的名称和“运行”按钮。

（28）单击“运行”按钮，运行模型，如图 3-21 所示。

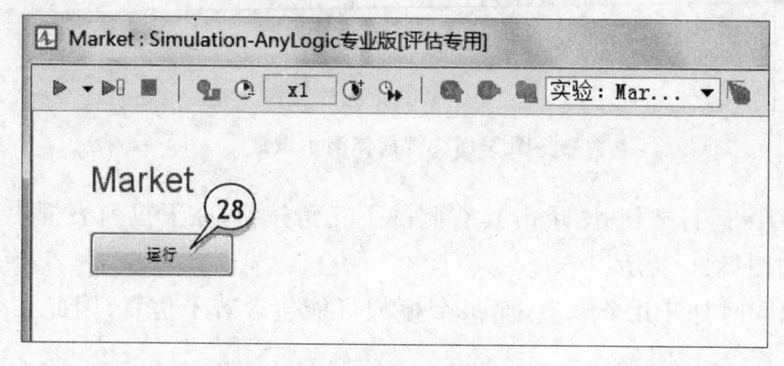

图 3-21　启动模型

在模型的演示(演示创建的 Main 智能体)中,将显示组成 consumers 群的 5000 个智能体的动画。由于模型中没有创建智能体的行为,动画是静止的,如图 3-22 所示。

Market : Simulation-AnyLogic专业版[评估专用]
x1
root:Main
AnyLogic
consumers
Consumer [5000]
运行: 0 正在运行
时间: 255.35
仿真: 停止时间未设置
日期: 2015-5-12 16:45:50

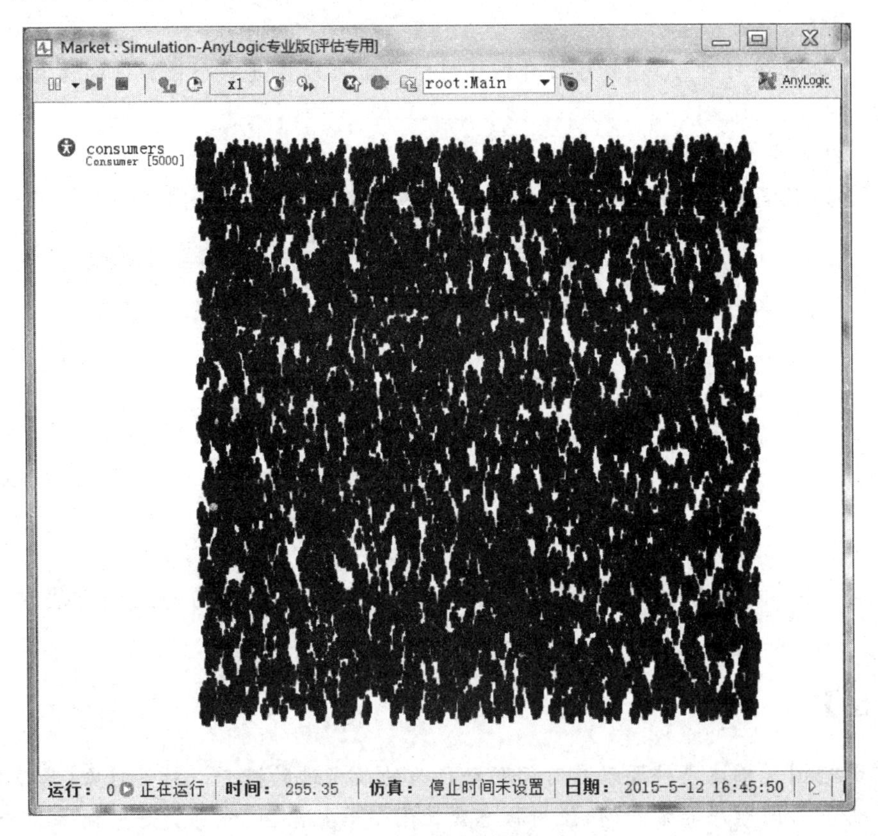

图 3-22　模型运行的动画演示

【模型窗口的状态栏】

- 为确保模型的运行,查看模型窗口底部的状态栏,如图 3-23 所示。

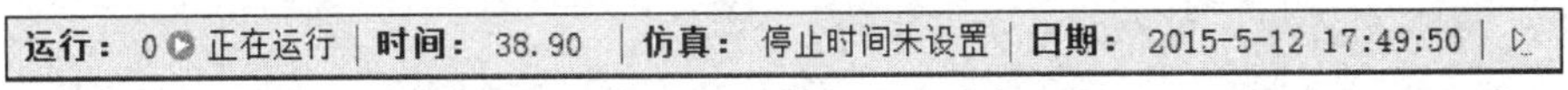

运行: 0 正在运行
时间: 38.90
仿真: 停止时间未设置
日期: 2015-5-12 17:49:50

图 3-23　模型窗口底部的状态栏

- 状态栏显示模型的仿真状态(运行、暂停、空闲或完成)、当前模型时间、模型日期等。

用户可单击▷按钮自定义状态栏,从弹出的列表中选择所需选项。

利用 AnyLogic 演示窗口顶部的工具栏,可以控制模型的执行。

【控制模型的执行按钮】

▶: 从当前状态运行。

[模型未运行时可见]开始运行仿真或在仿真被暂停时恢复仿真运行。

▶‖：单步。

执行一个模型事件，然后终止模型的执行。

‖：暂停。

[模型正在运行时可见]暂停仿真。任何时间都可以恢复一个被暂停的仿真。

■：终止执行。

终止执行当前模型。

(29) 定义消费者的逻辑。继续开发模型，关闭演示窗口，如图 3-24 所示。

图 3-24 关闭演示窗口

3.3 定义消费者行为

继续开发本示例模型，定义消费者的特征和行为，定义行为的最佳方法是使用状态图。

【状态图】

- 状态图是描述事件驱动或时间驱动行为的最先进的概念。对于对象，其操作的事件和时间顺序非常普遍，使用状态变迁图——状态图，能够更好地描述其行为。
- 状态图包括状态和变迁。状态图的状态具有选择性，即对象在同一时间只能处于一个状态之中。变迁的执行可以导致状态的更改，激活一组新的变迁。状态图的状态可以是分层的——可能包含其他的状态和变迁。
- 一个智能体可以有若干状态图，描述智能体行为的各个独立的部分，如图 3-25 所示。

定义消费者的行为具有两个状态序列：

- 消费者处于 PotentialUser 状态时只是对购买该产品具有潜在的兴趣；
- 消费者处于 User 状态时已经购买了该产品。

(1) 在"工程"视图中，双击 Consumer 打开其图表。带有动画图形智能体的图形化图表及其参数显示在坐标轴原点。

【如何辨认所编辑的智能体的类型】

由于本示例模型中包含两类智能体，则在图形化编辑器中所编辑的智能体是哪种类型呢？

- AnyLogic 选择用户在图形化编辑器中已经打开智能体类的选项卡，并在工程树中强调其项目，如图 3-26 所示。

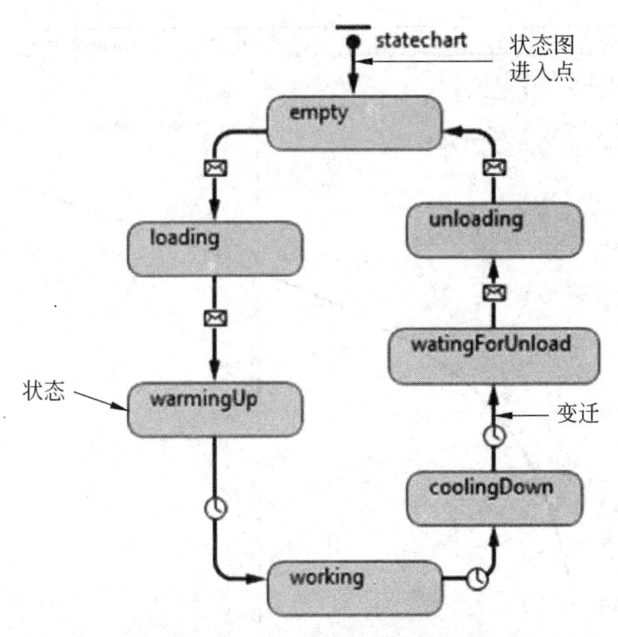

图 3-25 智能体的状态图

- 单击选项卡的名称，可在打开不同智能体类的图形化图表中导航，如例中的 Main 和 Consumer。

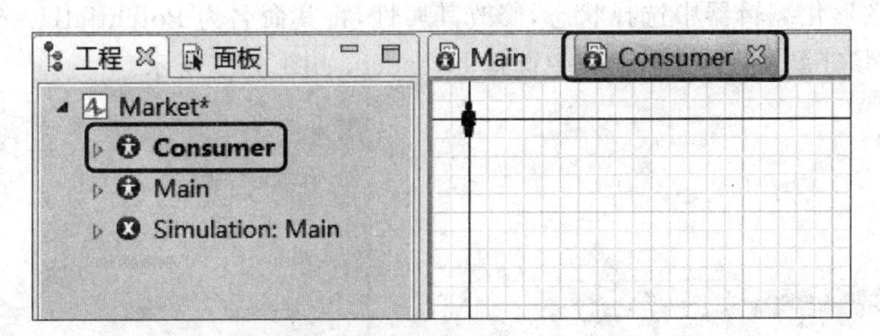

图 3-26 被选择智能体的强调显示

(2) 通过绘制两个状态来绘制一个状态图。打开"状态图"面板。

(3) 从"状态图"面板中将"状态图进入点"拖曳到 Consumer 图表中。通过添加一个"状态图进入点"开始绘制状态图。进入点定义了状态图控制流的开始和状态图的名称，如图 3-27 所示。

注意：状态图进入点、初始状态指针和变迁外观类似，三者容易混淆。

AnyLogic 中的状态图进入节点被高亮为红色，表示进入节点不与任何状态连接，且当前状态图是无效的。

下面在消费者的状态图中添加第一个状态。

(4) 将"状态"从"状态图"面板中拖曳到图形化图表，并将其连接到状态图进入点，如图 3-28 所示。

注意：确认在 Consumer 图表上绘制状态图，而不是在 Main 图表上绘制。

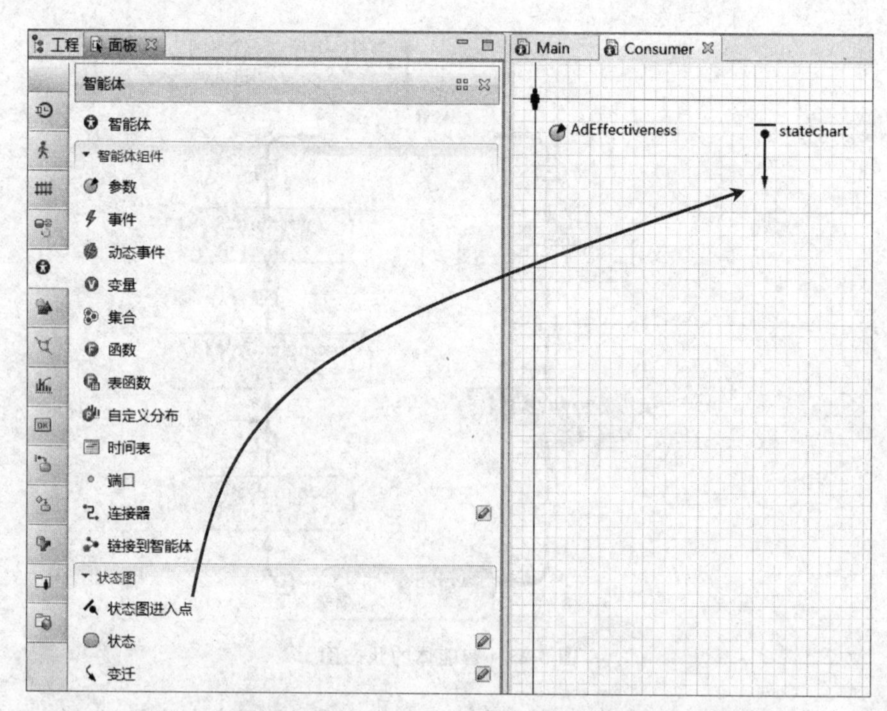

图 3-27 设置 Consumer 智能体状态图进入点

(5) 在图形化编辑器中选择状态，修改其属性，将其命名为 PotentialUser。

(6) 在“填充颜色”下拉列表框中选择 lavender，如图 3-29 所示。

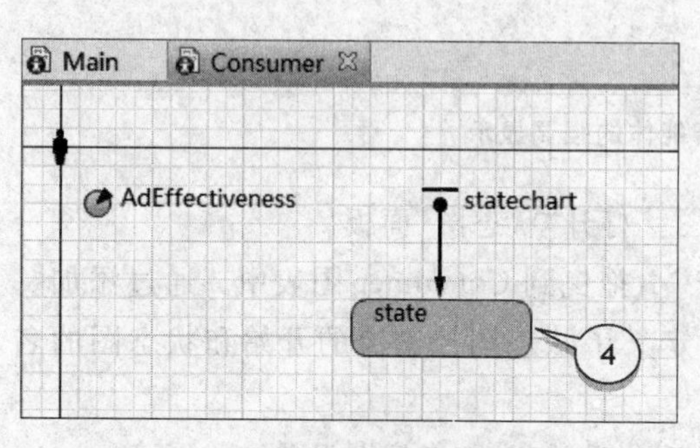

图 3-28 增加 Consumer 智能体状态

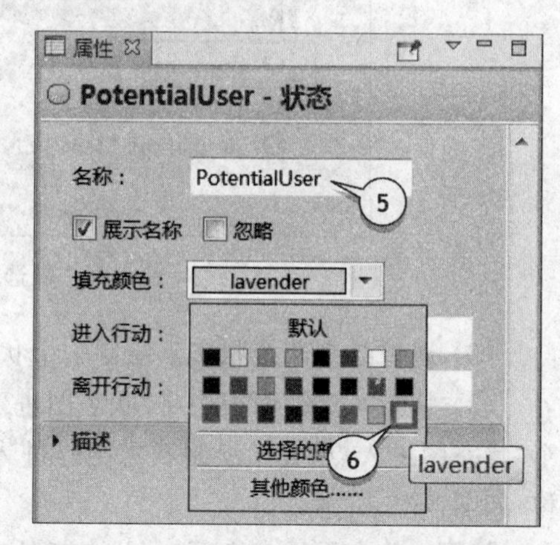

图 3-29 PotentialUser 状态的“属性”选项卡

(7) 在“进入行动”文本框中输入系列 Java 代码 shapeBody. setFillColor(lavender)，如图 3-30 所示。

【代码完成助手】

可以使用代码完成助手完成代码的输入，以避免输入元素或函数的全称。若要打开

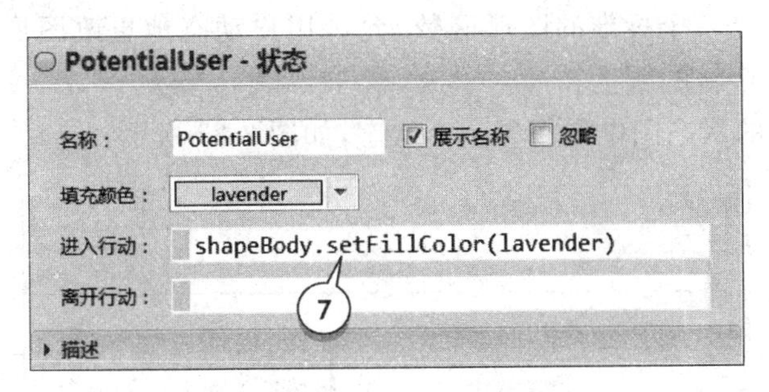

图 3-30 “进入行动”文本框

代码完成助手，需单击编辑文本框中的相应区域，按住 Ctrl＋空格键。在弹出的对话框中列出了在给定的环境中可用的模型元素，如模型变量、参数或函数，如图 3-31 所示。

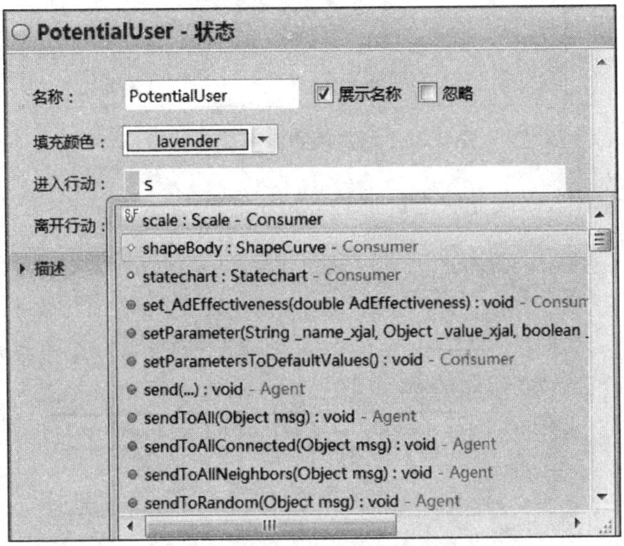

图 3-31 代码完成助手的使用

拖曳滚动条或输入元素的首字母，在列表中找到所需元素，按 Enter 键将元素的名称插入到编辑文本框中。

“进入行动”在消费者转换到另一个状态时执行。此代码通过更改消费者动画的颜色显示其状态的变化。

这里，shapeBody 是新智能体向导创建的消费者动画图形的名称，若展开工程树中消费者的演示分支，会看到 shapeBody 显示在 person 组中，如图 3-32 所示。

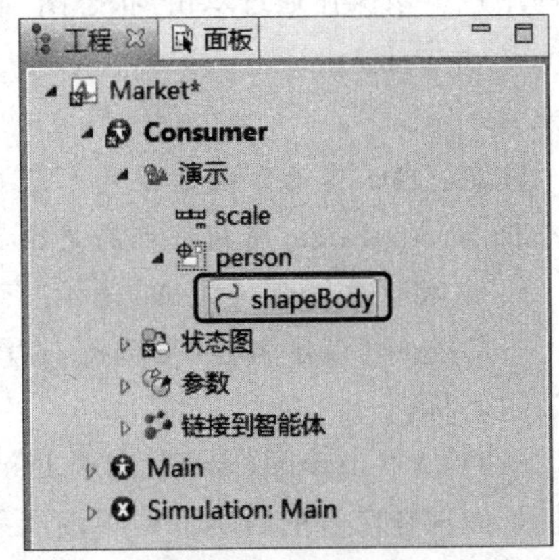

图 3-32 增加消费者动画图形 shapeBody

为访问元素的函数，需首先输入该元素的名称 shapeBody，再输入一个点“.”，利用代码完成助手列出元素函数或从列表中选择函数的名称。setFillColor()是一个标准的图形函数，允许用户动态地更改图形的填充颜色，其只需一个参数——一个新的颜色。

(8) 在消费者的状态图中添加另一个状态，如图3-33所示。

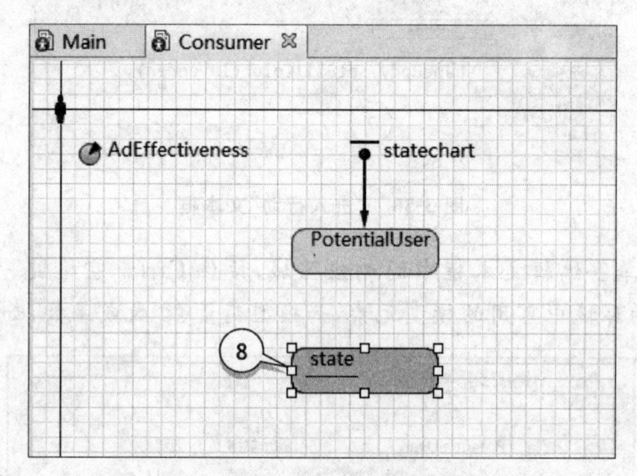

图 3-33 增加消费者智能体状态

(9) 按照以上操作，修改此状态的属性，如图3-34所示。

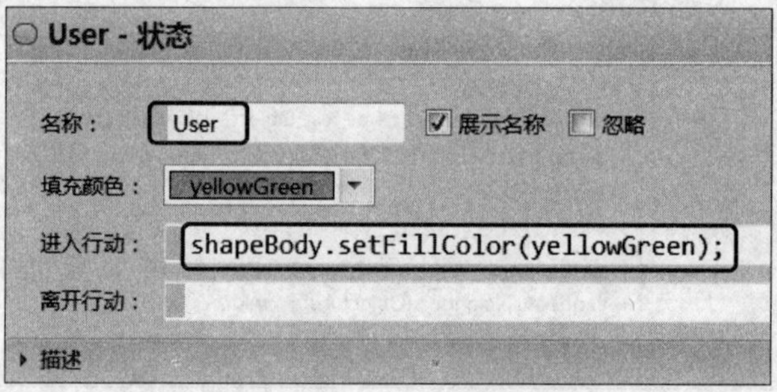

User - 状态

名称： User ☑展示名称 ☐忽略

填充颜色： yellowGreen

进入行动： shapeBody.setFillColor(yellowGreen);

离开行动：

▸ 描述

图 3-34 User 状态属性

(10) 从PotentialUser到User状态绘制一个变迁，模拟人们购买该产品并成为该产品的用户。该操作通过双击“状态图”面板中的变迁元素(元素的面板图标应该更改为)，单击PotentialUser再单击User完成操作，如图3-35所示。

注意：确认变迁已经连接两个状态。若变迁没有连接两个状态，AnyLogic将用红色高亮显示该变迁。

(11) 将该变迁命名为Ad表示“广告”。

(12) 选中“展示名称”复选框，在图形化图表中显示此变迁的名称。

(13) 从PotentialUser状态到User状态的变迁将模拟人们是如何在广告的影响下购买该产品的。在“触发于”下拉列表框中，选择“速率”选项；在“速率”文本框中，输入

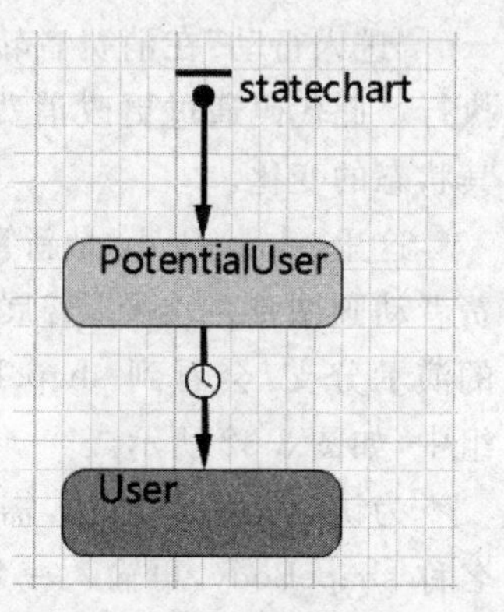

图 3-35 增加状态间的变迁

AdEffectiveness,在后面的下拉列表框中选择“每天”选项,如图 3-36 所示。

可以发现变迁上方的图标由🕓变成⊾。这个符号显示了变迁的触发类型。

若要移动变迁的名称或图标,则选中该变迁,使用鼠标将相应的元素拖曳到一个新的位置,如图 3-37 所示。

图 3-36 “Ad-变迁”对话框

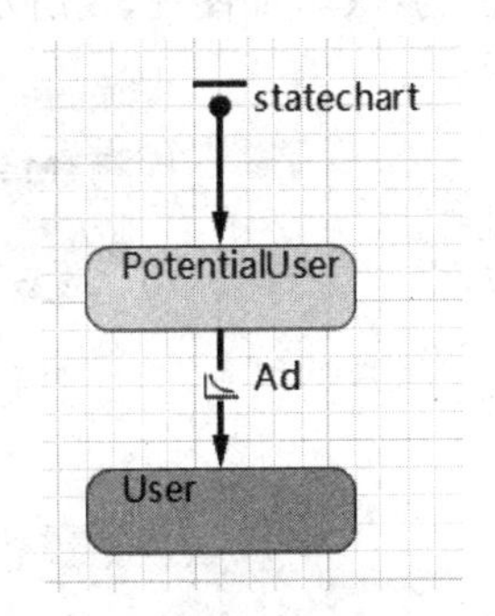

图 3-37 变迁的触发类型为“速率”的符号显示

【变迁的触发类型】

很多事件类型可以触发变迁。表 3-1 列出了变迁触发类型及与之对应的显示在变迁上方的图标,以帮助用户理解这些触发类型。

表 3-1 变迁触发类型及其描述

变迁触发	描述
到时 🕓	变迁发生在从状态图进入到变迁“源”状态的时刻开始,经历一个指定的时间间隔以后。到时的表达式可以是随机的或确定性的 主要用途如下: 延时:在一个状态中停留指定的时间后离开 到时:若其他等待的事件在指定的时间间隔内没有发生则更改状态
速率 ⊾	用于实现分散的状态随已知的平均时间变化。按照与到时触发变迁同样的方式执行,但其时间间隔服从以给定速率为参数的指数分布。例如,若速率为 0.2,则到时为 1/0.2=5 时间单元平均值
条件 ?	变迁监视一个指定的布尔型条件,为“真”时执行。条件可以是任意的布尔型表达式,可以取决于整个模型中任意对象连续或离散的动态状态 注意,条件只在模型中某些事件发生时检查。为保证不会错过状态转换的时刻,建议用户在智能体内部添加一个循环事件,使其经常发生以不会错过变迁条件变成“真”的时刻
消息 ✉	对其他智能体的消息做出反应。消息能够模拟人与人之间的通信、对机器输入的指令等。用户可在变迁的属性中定义消息模板,且只有与此模板匹配的消息才能触发变迁
智能体到达 🏁	对智能体到达至其到达目的地做出反应 注意,变迁只有在该运动通过调用智能体的函数 moveTo()进行初始化时做出反应

在本示例模型中,变迁通过指定的速率触发。在这种情况下,当状态图执行到状态

PotentialUser 时，执行指数分布且设置到时。每个消费者的采纳时间不同，但最终会有平均 1%的潜在用户会在给定的某一天购买该产品。

(14) 现在，设置模型的时间单位。要调整模型设置，需从“面板”视图切换到“工程”视图，单击树中的模型项(树的顶部对象，Market)。在其“属性”视图中，设置“模型时间单位”为“天”，如图 3-38 所示。

图 3-38　模型的时间单位设置

【模型时间,模型时间单位】

模型时间是 AnyLogic 仿真工具的虚拟(仿真)时间。模型时间与真实时间或计算机时钟无关，因此，可以按照一定比例的真实时间运行模型。

为设置模型时间与系统模拟的真实世界时间的关系，需要定义时间单位。为模型选择合适的模型时间单位，以接近模型的典型运行时间。

例如，行人流模型通常使用秒，制造服务系统通常使用分钟，但系统动力学类型中定义的全球经济、社会和生态模型可能使用月或年为时间单位。

(15) 运行模型。人群逐渐变成绿色表明广告效应引起的变化，直到每个消费者购买该产品。

当广告效应导致智能体购买该产品时，智能体的 User 状态被激活，执行该状态的“进入行动”，智能体动画的图形颜色变成 yellowGreen。随着越来越多的消费者购买该产品，模型的智能体动画逐渐变成绿色，如图 3-39 所示。

【模型执行模式】

AnyLogic 模型运行在真实时间模式或虚拟时间模式。

在真实时间模式中，通过选择多少个模型时间单位等于一秒真实时间来设置模型时间与真实时间的关系。若要使动画看起来更加逼真，通常使用真实时间模式。

在虚拟时间模式中，模型以最大速度运行。若需要将模型的仿真运行较长时间，且模型不需要定义模型时间单位和天文时间秒之间的关系，此时使用虚拟时间模式。

在真实时间模式中，可通过更改模型的仿真速率比例增加或降低模型的执行速率。例如，x2 表示模型以指定模型速率两倍的速率运行模型。

“时间比例”工具栏可使用户调整模型的执行速率，如图 3-40 所示。

(16) 单击工具栏的“减速”或“加速”按钮，可调整模型的执行速率。若将速率调整到×10，人群的颜色变成绿色的速率会加快。

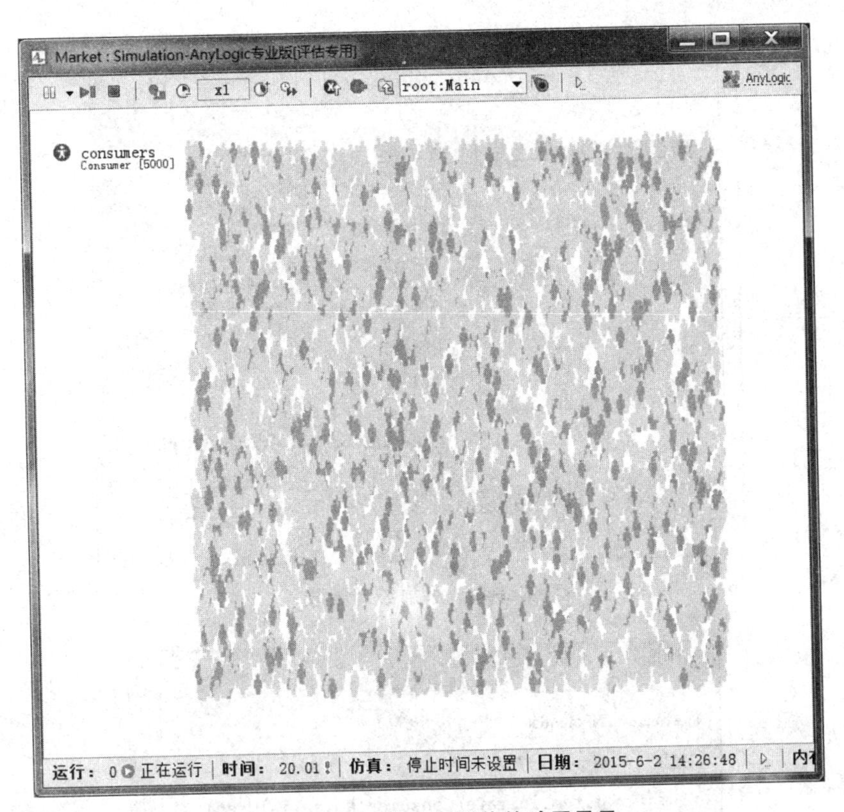

图 3-39 不同状态智能体的动画显示

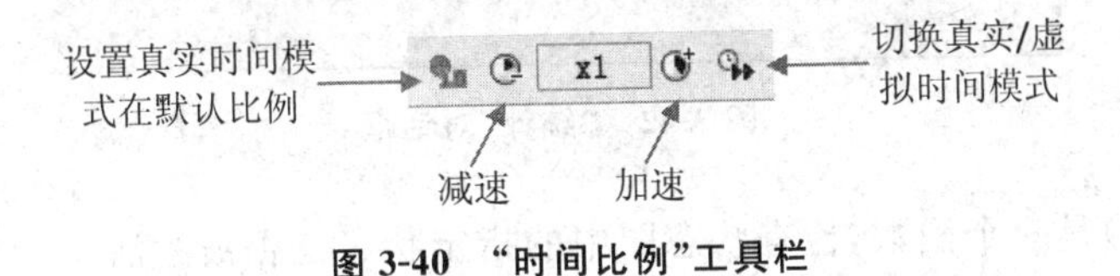

图 3-40 “时间比例”工具栏

3.4 添加图表显示模型输出

要了解给定时刻有多少人已经购买了该产品，需要定义函数，对产品用户和潜在用户进行计数，再添加一个图表显示此动态变化。

(1) 首先，定义一个函数对潜在用户进行计数。要添加一个新的函数对智能体进行统计，打开智能体类 Main 图表，选择智能体群 consumers，进入统计属性区域。

(2) 单击添加统计按钮，如图 3-41 所示。

这里需确定有多少智能体处于 PotentialUser 状态。

(3) 定义函数的类型为计数，名称为 NPotential。类型计数的统计在给定群中迭代，在本示例模型中，对满足所选条件的智能体进行计数，如图 3-42 所示。

(4) 在函数“条件”文本框中输入 item. inState(Consumer. PotentialUser)。

- item 表示在迭代过程中当前正在接受检查的智能体。

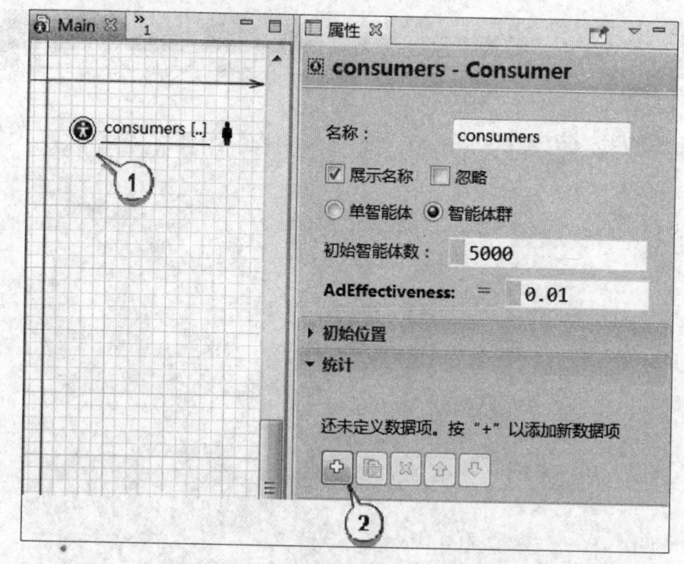

图 3-41　添加统计函数

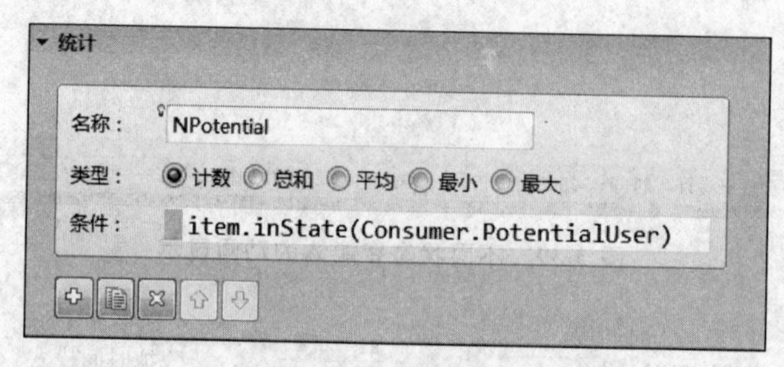

图 3-42　"统计"对话框

- inState()是一个函数，检查状态图中的指定状态是否被激活。
- PotentialUser 是定义的智能体状态的名称，因此需要智能体类前缀 Consumer。

(5) 定义第二个统计函数，计算产品用户的数量。将其命名为 NUser，使其对符合条件 item. inState(Consumer. User)的智能体进行计数，如图 3-43 所示。可以通过单击

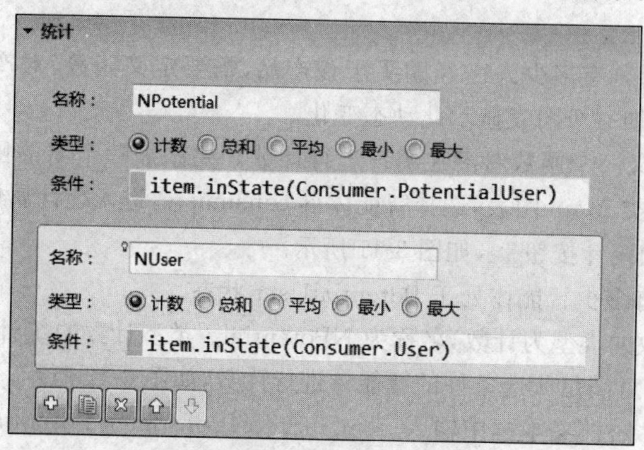

图 3-43　添加第二个函数

复制按钮，修改其名称和条件来复制另一个统计函数。

添加一个图表，显示这些函数收集的统计以及采纳过程的动态性。

(6) 打开“分析”面板，将时间堆叠图从“分析”面板中拖曳到 Main 图表中，创建一个图表显示用户和潜在用户的动态性。调整时间堆叠图尺寸如图 3-44 所示。

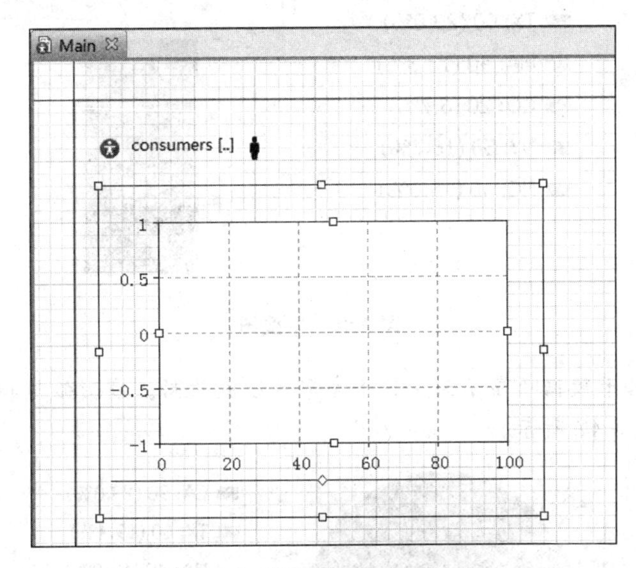

图 3-44 调整时间堆叠图尺寸

【图表】

AnyLogic 提供了若干图表，用于显示所创建模型中的数据。这些图表可在“分析”面板的图表区域中找到。

条形图：以一端对齐的条形显示数据项。条形的尺寸与和其对应的数据项的值成比例，如图 3-45 所示。

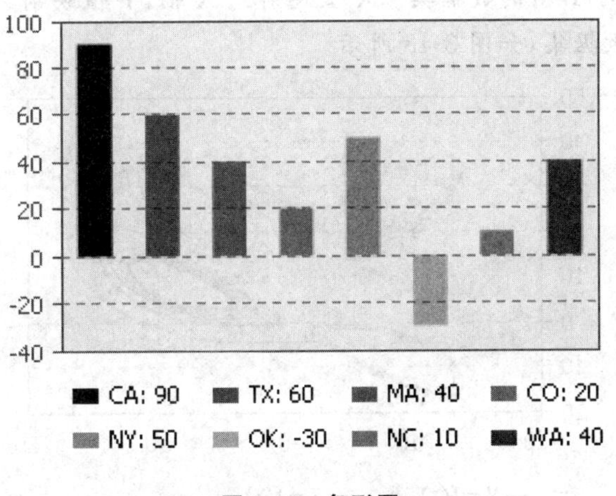

图 3-45 条形图

堆叠图：将若干数据项显示为一个总的分段条形图。条形的尺寸与和其对应的数据项的值成比例，如图 3-46 所示。

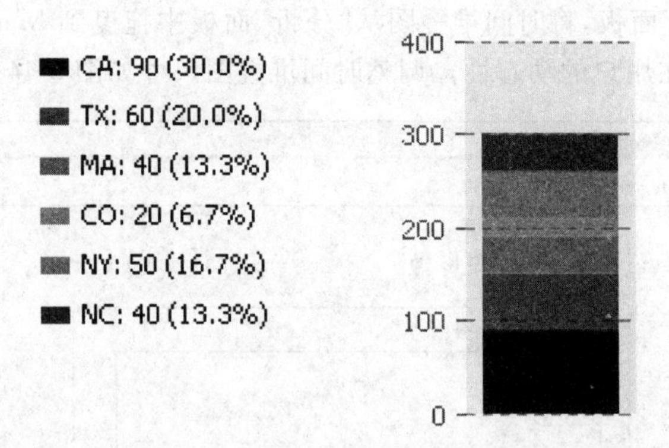

图 3-46 堆叠图

饼状图：将若干数据项显示为由若干扇形区组成的圆。扇形弧与和其对应的数据项的值成比例，如图 3-47 所示。

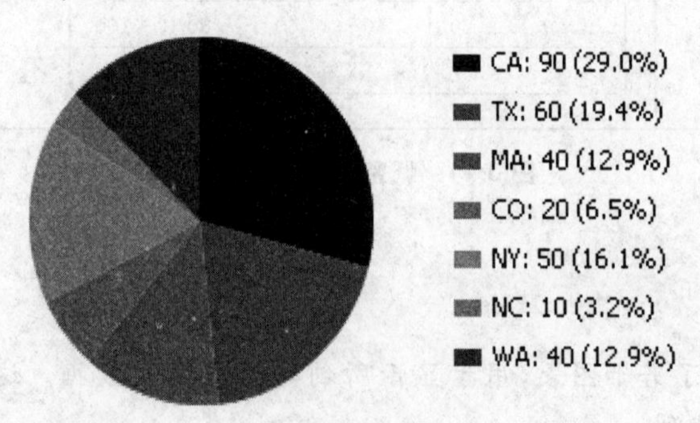

图 3-47 饼状图

折线图：折线图发挥了相位图的作用。每个数据集是一组数据对<X,Y>的值。折线图显示 X 值对应的 Y 值的数据集。X 值映射到 X 轴，Y 值映射到 Y 轴。折线图可显示同一时间的若干数据集，如图 3-48 所示。

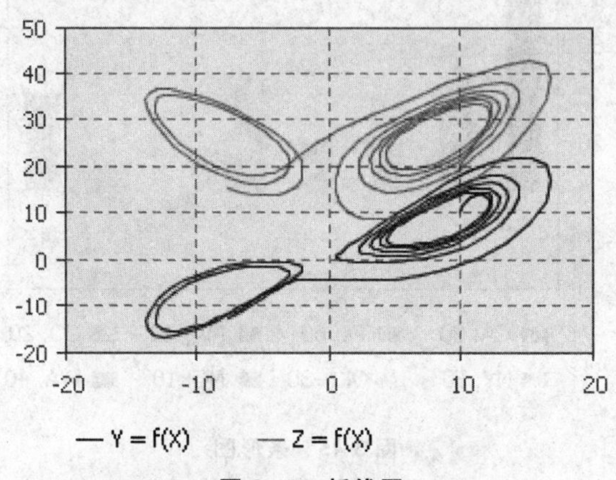

图 3-48 折线图

时间折线图：当前时间范围内最新的若干历史数据项。根据插值类型，两个数据样本之间的线是线性内插的，或保持前一个值到下一个值，如图3-49所示。

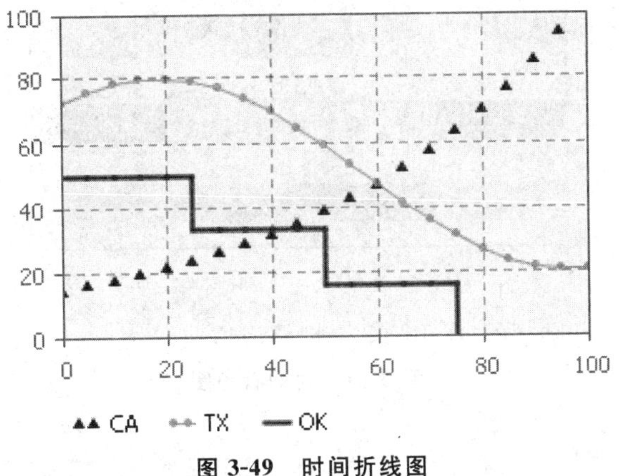

图3-49 时间折线图

时间堆叠图：将大量历史数据项显示为最新时间范围内总的堆叠图。数据值不断地在顶部堆叠，第一个添加的数据项位于时间堆叠图的底部，如图3-50所示。

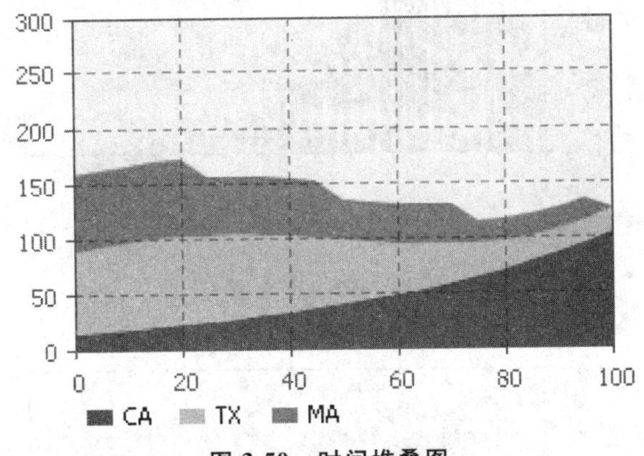

图3-50 时间堆叠图

时间着色图：显示最新时间范围内大量数据集的趋势，数据集显示为不同颜色的水平条纹（颜色取决于数据值）。若条件判断为真，条纹的颜色与对该条件定义的颜色一致。使用该图标可显示智能体状态随时间的变化，即忙/空闲，如图3-51所示。

直方图：通过直方图数据对象显示收集的统计数据。直方图尺寸沿着Y轴变化，因此，直方图中最高的条形占据图形的最高度，如图3-52所示。直方图中还可以显示PDF条形、CDF线和均值位置。

二维直方图：显示二维的直方图集合。每个直方图绘制成反映PDF值或包络的与(X,Y)对应的大量矩形色块。图中的X轴和Y轴缩放到满足所有直方图，如图3-53所示。

在图中添加两个数据项进行显示。调用在之前的步骤中对consumers群定义的统计函数NUser和NPotential。

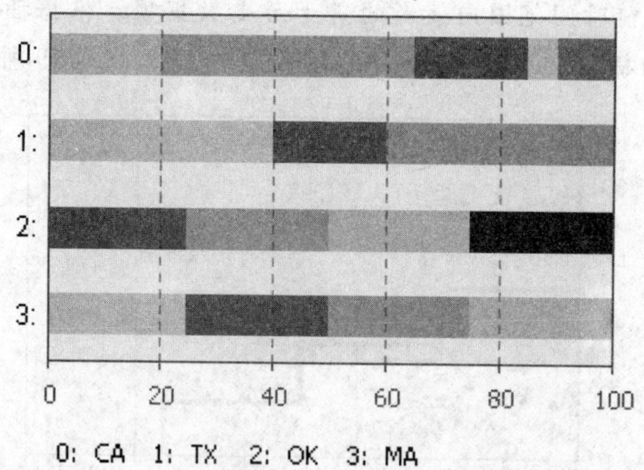

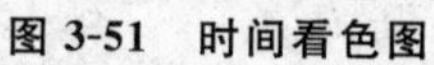

图 3-51 时间看色图

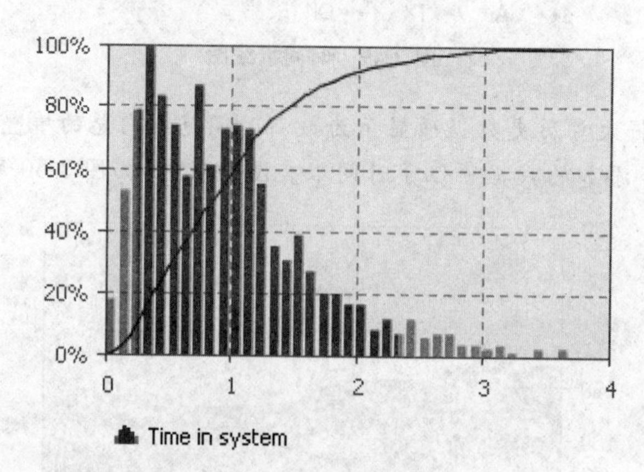

图 3-52 直方图

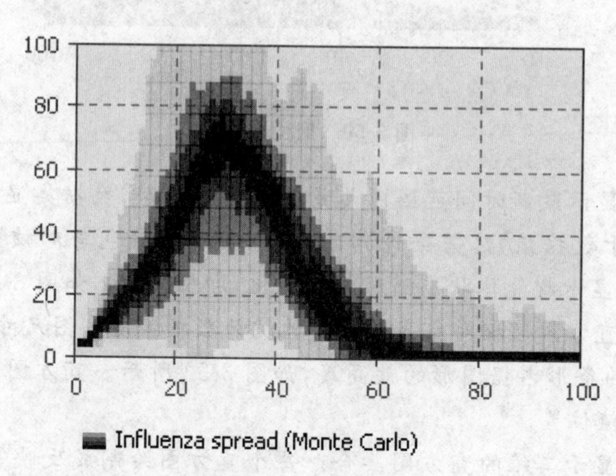

图 3-53 二维直方图

(7) 单击“添加数据项”按钮，添加要在时间堆叠图中绘制的统计，如图 3-54 所示。

(8) 修改数据项的属性：

- 标题：Users 为数据项的标题。

- 颜色：yellowGreen。
- 值：consumers. NUser()。

图 3-54　时间堆叠图属性

在本示例模型中，智能体群的名称是 consumers. NUser()，是为该群定义的统计函数，如图 3-55 所示。

图 3-55　设置时间堆叠图的统计项

(9) 再添加一个数据项，如图 3-56 所示。

- 标题：Potential users。
- 颜色：lavender。
- 值：consumers. NPotential()。

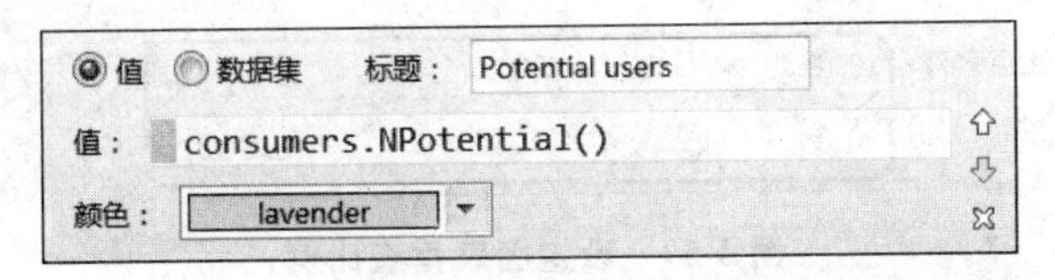

图 3-56　在时间堆叠图中添加另一个数据项

【调整图表的时间尺度】

带有历史数据的图表（时间折线图、时间堆叠图、时间着色图）允许用户调整时间尺度。

在属性的“时间窗”中配置时间图表的时间范围。由于时间图表在给定时刻只显示有限数量的数据样本，可保证所选时间窗有充足的样本数量。

若在运行模型时，图表显示如图 3-57 所示，则应该增加图表显示的数据样本数量或减小图表的时间窗。

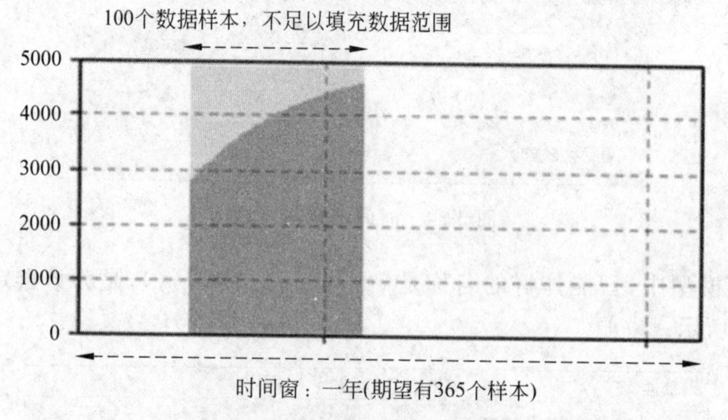

图 3-57　运行模型后的图表显示

若要显示一年的时间范围，需调整图表的设置。

(10) 进入“属性”中的“比例”区域，将“时间窗”设置为一年，如图 3-58 所示。

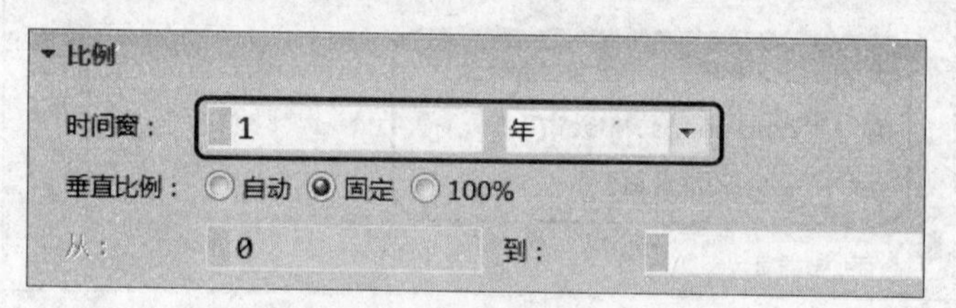

图 3-58　设置时间窗显示范围

(11) 由于该图表显示 consumers 群的统计，且模型中有 5000 个消费者，将图表的“垂直比例”设置为“固定”，在“到：”文本框中输入 5000，如图 3-59 所示。

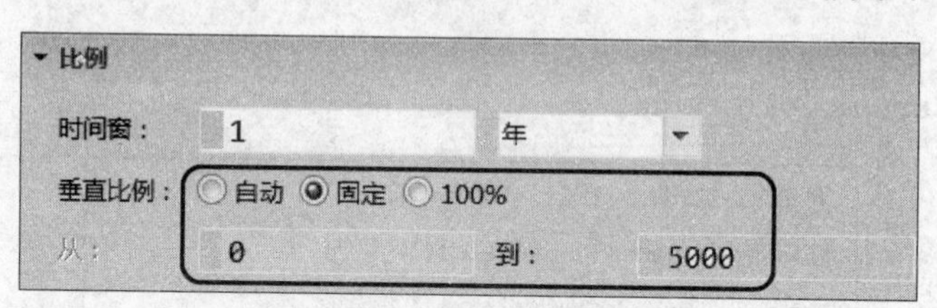

图 3-59　设置图表垂直比例

(12) 设置了时间窗，通过导航到“数据更新”区域并将“显示至多”设置为“365 个最新的样本”来更改图表中显示数据样本的最大数，如图 3-60 所示。由于已添加了一个每天的数据样本，365 个数据样本对于一年的范围来说是比较理想的数量。

(13) 进入到时间堆叠图的“外观”属性，在“时间轴格式：”下拉列表框中选择“模型日期(只有日期)”选项，如图 3-61 所示。

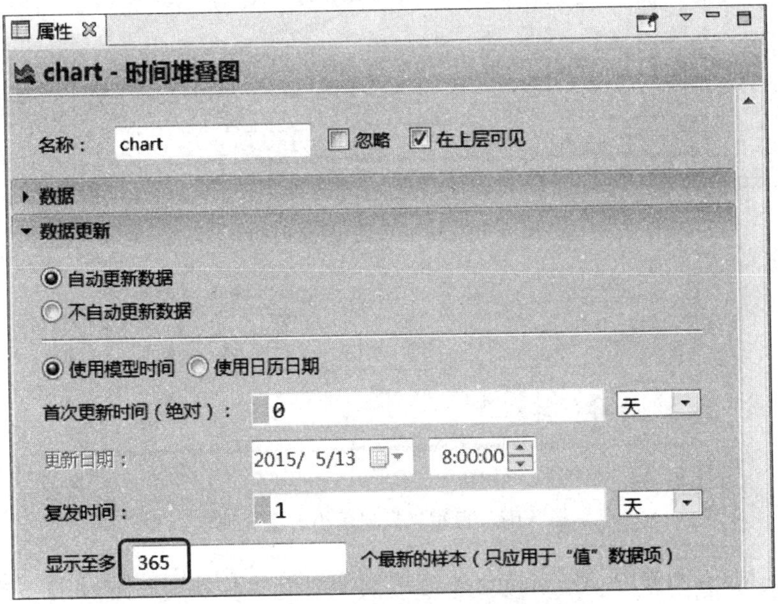

属性
chart - 时间堆叠图
名称：
chart
忽略
在上层可见
数据
数据更新
自动更新数据
不自动更新数据
使用模型时间
使用日历日期
首次更新时间（绝对）：
0
天
更新日期：
2015/ 5/13
8:00:00
复发时间：
1
天
显示至多
365
个最新的样本（只应用于"值"数据项）

图 3-60　设置样本显示数量

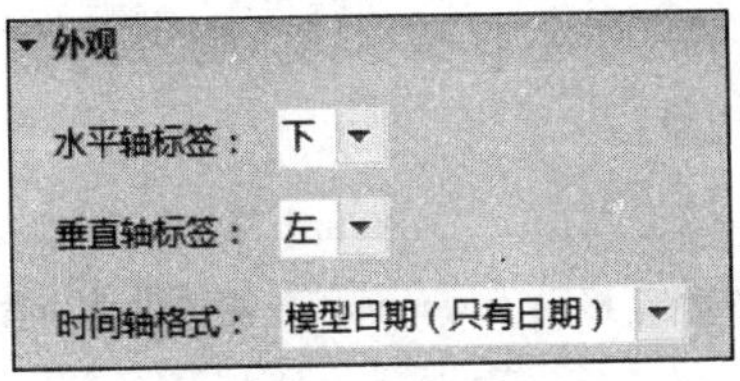

外观
水平轴标签：
下
垂直轴标签：
左
时间轴格式：
模型日期（只有日期）

图 3-61　设置时间堆叠图的外观

【时间图表标签中的格式化时间戳】

带有历史数据的图表能够在时间轴(X 轴)标签中显示模型的日期，用户可通过选择推荐的格式或使用根据模型需要而自定义的格式来格式化时间戳。

自定义的时间戳格式在"时间轴格式"属性中(位于图表属性的"外观"区域)。几种时间戳格式的案例如图 3-62～图 3-64 所示。

20 000
10 000
0
Jan 21. 2009
Jan 31. 2009
Feb 10. 2009
Feb 20. 2009
Mar 2. 2009

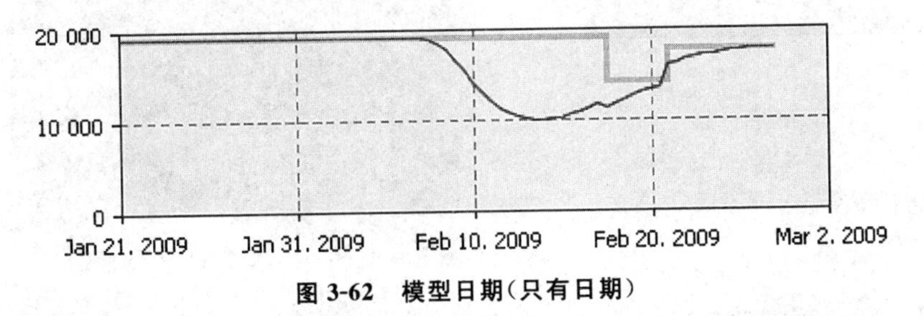

图 3-62　模型日期(只有日期)

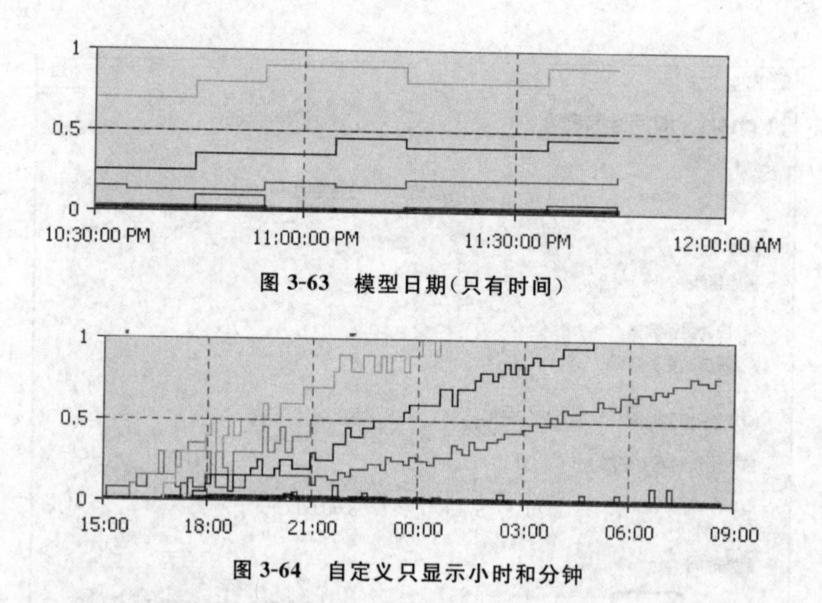

图 3-63　模型日期(只有时间)

图 3-64　自定义只显示小时和分钟

(14) 在 Main 图表中,将 consumers 智能体群的演示移动到右侧,如图 3-65 所示。

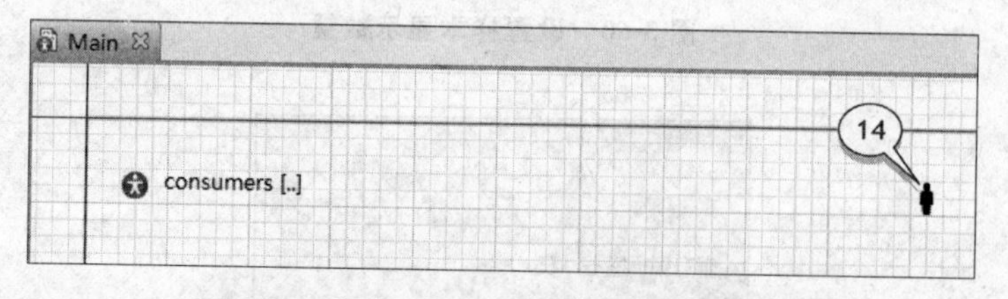

图 3-65　移动 consumers 智能体的演示图形

(15) 运行模型,利用时间堆叠图回顾模型的变化过程,如图 3-66 所示。

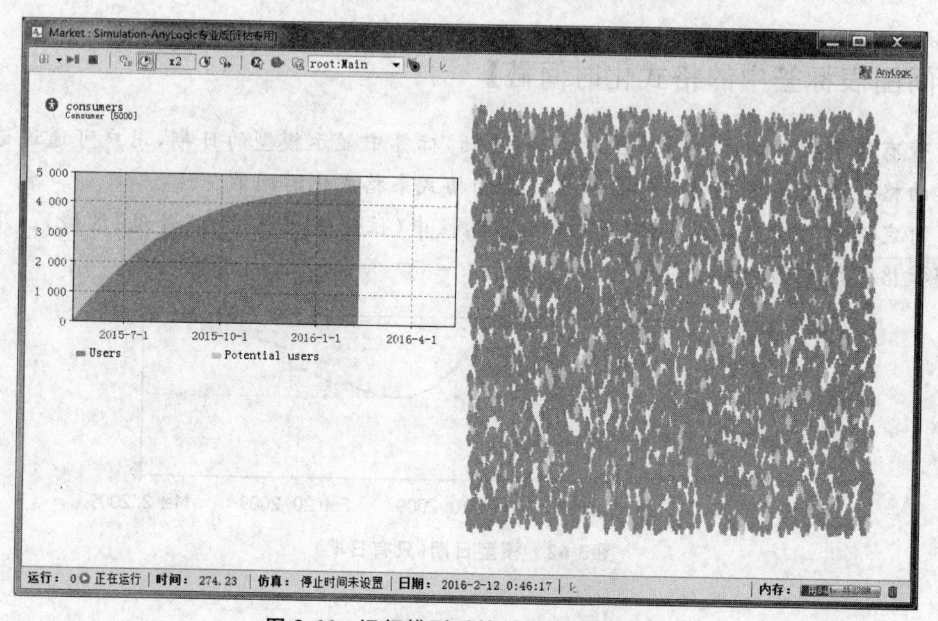

图 3-66　运行模型后的时间堆叠图显示

3.5 添加口碑效应

在此阶段，将模拟之前所说的口碑效应，即人们劝说他人购买产品的一种方式。

- 允许人与人之间进行交互。在本示例模型中，一个消费者每天平均与其他人进行交互一次。
- 在这些会面中，产品当前的用户可能会影响潜在用户。定义潜在用户购买产品的概率为 AdoptionFraction＝0.01。

添加两个消费者参数来进一步发展模型的逻辑：ContactRate 和 AdoptionFraction。

(1) 在工程树中，双击 Consumer 打开 Consumer 图表。

(2) 添加一个参数，定义消费者的日均交互率。将参数从"智能体"面板拖曳到图表中。

(3) 将该参数命名为 ContactRate。

(4) 每天的交互率为 1，因此将参数的默认值设置为 1。

(5) 添加另一个参数 AdoptionFraction，定义一个人对他人的影响，表示与消费者接触后使用该产品的人的百分比。将该参数的类型设置为 double，默认值设置为 0.01。

此时，Consumer 图表应如图 3-67 所示。

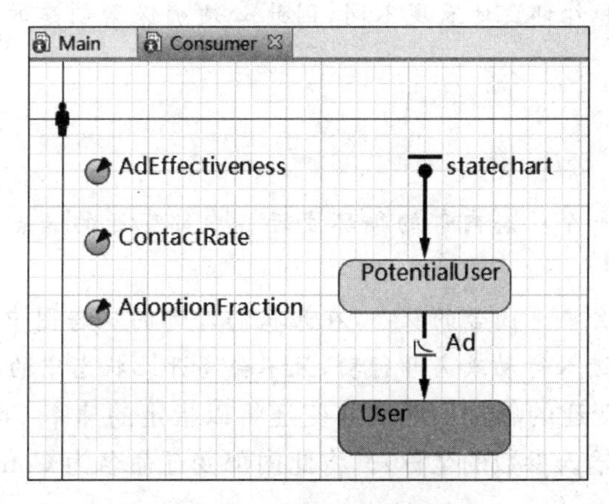

图 3-67 添加消费者参数

现在，允许智能体进行交互。这表示通过口碑效应，有一定百分比的消费者将被说服而购买该产品。

【智能体交互作用】

AnyLogic 支持基于智能体建模的独有的通信机制：消息传送。

- 一个智能体能够向一个独立的智能体或一组智能体发送消息。
- 消息可以是任何类型或复杂事物的对象，包括文本串、整数、对象的应用或多种领域的结构。

• 为将消息发送给另一个智能体，需使用指定的智能体函数。下面列出了从一个智能体到其他智能体发送消息时最长用到的函数：

sendToAll(msg)：将消息发送到同一个群中的所有智能体。

sendToRandom(msg)：将消息发送到同一个群中随机选择的智能体。

send(msg,agent)：将消息发送到指定的智能体（将智能体受体的引用视为函数的第二个参数）。

在本示例模型中，只有处于 User 状态的用户将会发送消息。定义智能体在一个状态中执行行动，即在不离开其当前状态的前提下执行行动的最佳方式是使用内部变迁。

(6) 打开 Consumer 图表，添加 User 状态来满足将要在下面状态内部绘制的内部变迁。

(7) 在 User 状态内部绘制内部变迁。为绘制如图 3-68 所示的变迁，在状态内部将“状态图”面板中的“变迁”进行拖曳，因此，变迁的始点位于该状态的边缘。然后，将变迁的终点移动到该状态边缘的另一个点。双击变迁可添加一个折点。

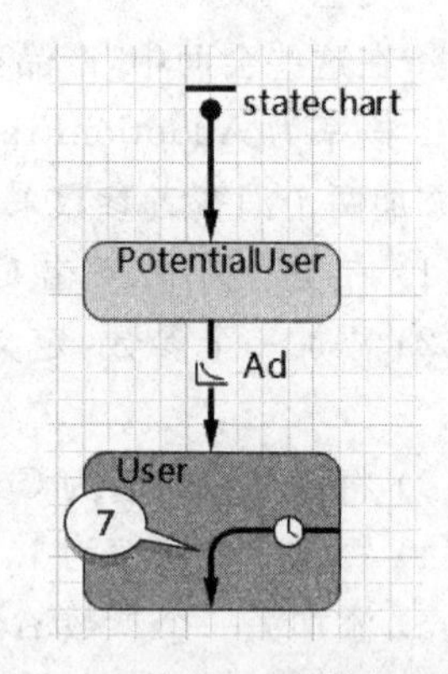

图 3-68　绘制 User 状态内部变迁

注意：内部变迁和外部变迁表现不同，因此必须确保新创建的变迁完全位于状态的内部。

【内部变迁】

内部变迁是位于一个状态内部的循环变迁。内部变迁的始点和终点均位于该状态的边缘。

由于内部变迁不会离开闭合的状态，在此状态外部的状态图中不起作用。该变迁发生时不会执行状态的进入行动或离开行动，且不会离开此状态中的当前简单状态。

(8) 修改此内部变迁的属性。此内部变迁将以指定的速率 ContactRate 发生（使用代码完成助手而不是输入参数的全称）。将此内部变迁命名为 Contact，并设置显示其名称，如图 3-69 所示。

图 3-69　修改 User 状态内部变迁的属性

(9) 指定触发此变迁将执行的行动(利用代码完成助手输入代码):

```
sendToRandom("Buy");
```

由于本示例模型希望产品用户与潜在用户进行对话,需在状态 User 中建立循环变迁。每次变迁发生,代码“sendToRandom("Buy");”使消费者随机选择其他智能体发送一个“Buy”文本消息。若接收消息的智能体是一个潜在用户(即接收消息的智能体处于 PotentialUser 状态),接收消息智能体的状态将变成 User。

(10) 从 PotentialUser 状态到 User 状态绘制另一个变迁,并将其命名为 WOM。此变迁将模拟口碑效应引起的购买行为,如图 3-70 所示。

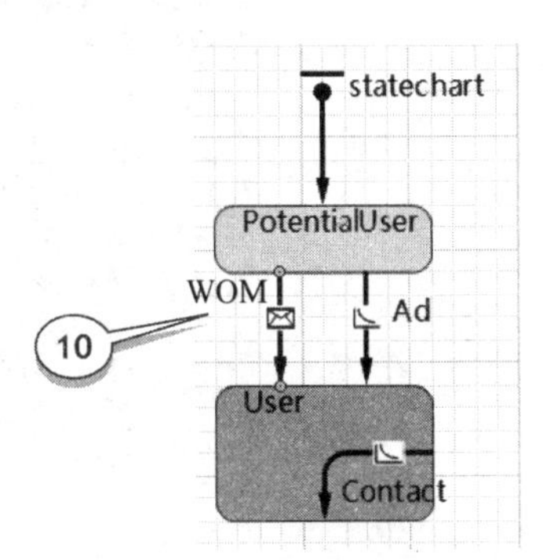

图 3-70 在状态图中增加 WOM 变迁

(11) 修改此变迁的属性:

- 在“触发于”下拉列表框中选择“消息”选项。
- 在“触发变迁”处,选择“指定消息时”单选按钮。
- 在“消息”文本框中输入"Buy"。
- 由于不是每次交互都会成功,即交互可能不会说服潜在用户购买该产品,利用 AdoptionFraction 使成功的交互较不常见。在“控制”文本框中输入 randomTrue(AdoptionFraction),如图 3-71 所示。

图 3-71 修改 WOM 变迁的属性

【变迁中的控制】

当状态图进入一个简单状态时,收集所有流出变迁的触发,状态图等待任何一个变迁触发的发生。

触发事件发生后,执行相应变迁的控制。若该控制为真,则执行此变迁(通过选择性的仿真事件可重置该触发)。将这种控制执行的法则称为“触发后控制”。

这是口碑市场建模的最后一步。AnyLogic 将消息从另一个智能体转发到状态图，若状态图处于 PotentialUser 状态，则会引起到 User 状态的快速变迁。若状态图处于其他状态，将忽略该消息。

(12) 在“工程”视图中，可以看到模型项的附近有一个星号，表示所建模型没有在更改后保存。在工具栏中，单击保存按钮可以保存模型，如图 3-72 所示。

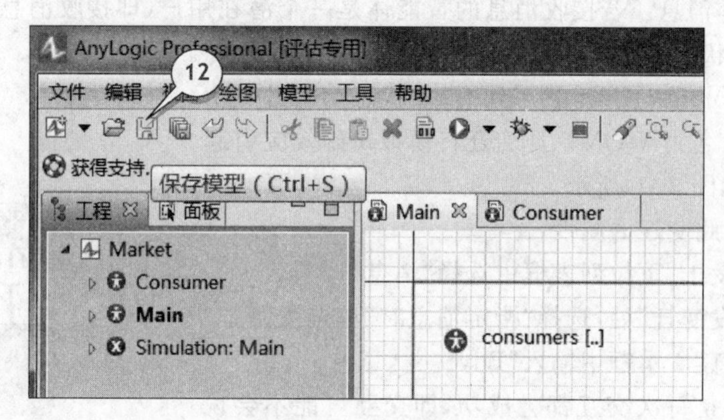

图 3-72 保存模型

(13) 运行模型。

市场饱和更加快速的发生，时间堆叠图中显示了著名的 S 形产品采纳曲线，如图 3-73 所示。

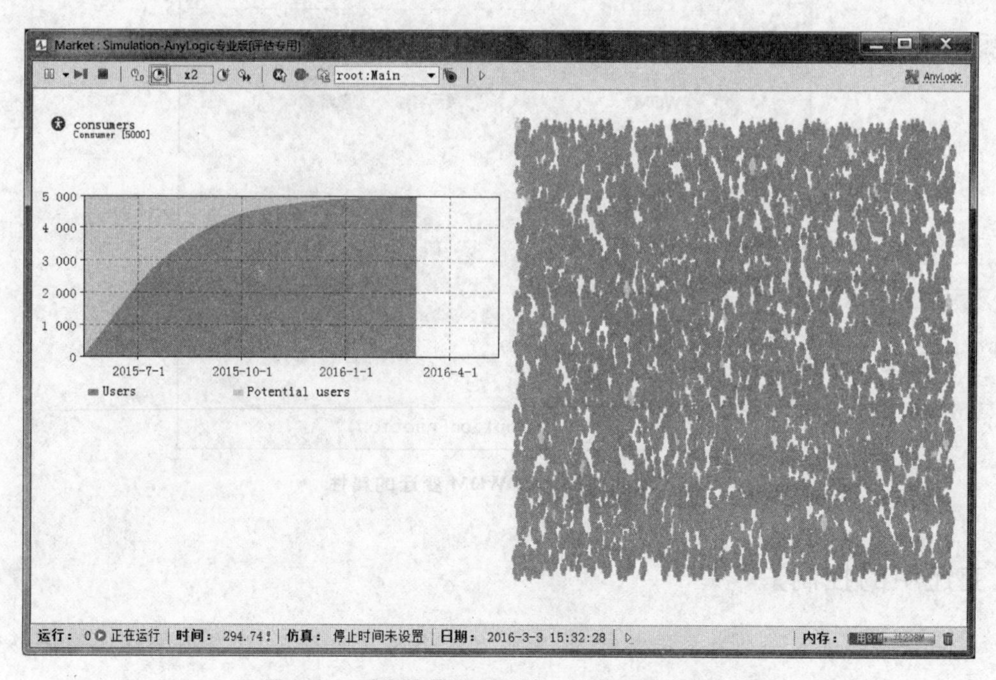

图 3-73 时间堆叠图显示的 S 形产品采纳曲线

3.6 考虑产品丢弃

在此阶段,模拟产品丢弃。

- 假设产品频繁使用的平均持续时间是 6 个月。
- 用户丢弃或消耗掉该产品后,需要对产品进行替换。假设使用者在丢弃或消耗其第一个产品后变成潜在使用者(即从 User 状态回到 PotentialUser 状态),模拟重复购买行为。

(1) 打开 Consumer 图表,添加参数 DiscardTime。

(2) 此参数将定义产品的使用寿命。在“类型”下拉列表框中选择“时间”选项;在“单位”下拉列表框中选择“月”选项,再在“默认值”文本框中输入 6,如图 3-74 所示。

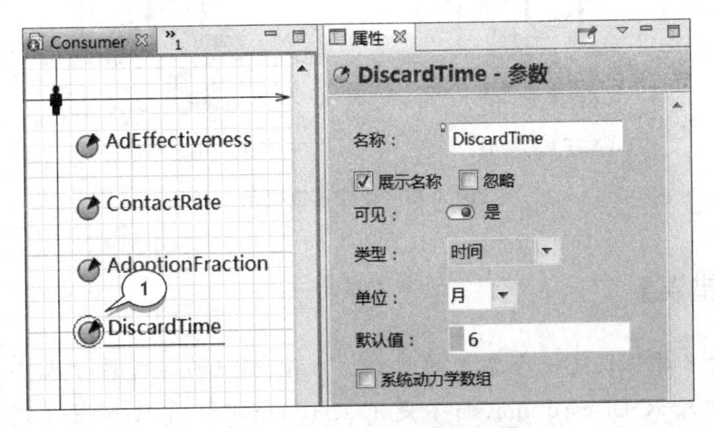

图 3-74 DiscardTime 参数设置

(3) 从 User 状态到 PotentialUser 状态绘制一个变迁,表示产品的丢弃。为绘制如图 3-75 所示的带有折点的变迁,双击“状态图”面板中的变迁元素(此操作会将面板中变迁元素的图标改为),单击变迁的源状态 User,单击折点位置,再单击目标状态 PotentialUser。

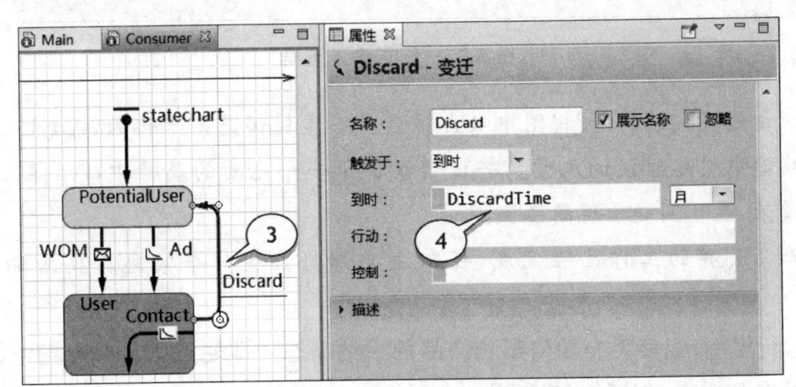

图 3-75 Discard 变迁设置

(4) 将变迁命名为 Discard,在“触发于”下拉列表框中选择“到时”选项;在“到时”文本框中输入 DiscardTime;在右侧的下拉列表框中选择“月”选项,如图 3-75 所示。

注意:AnyLogic 通过高亮线显示终点没有连接到状态的变迁,以引起建模者的注意(如图 7-76(a)所示)。为定位错误出现的位置,选择此变迁,连接点会变成蓝绿色(如图 7-76(b)所示,连接到 PotentialUser)。若 AnyLogic 没有高亮显示变迁在 User 状态处的始点,应手动移动该点到 User 状态上建立连接,修正连接错误。

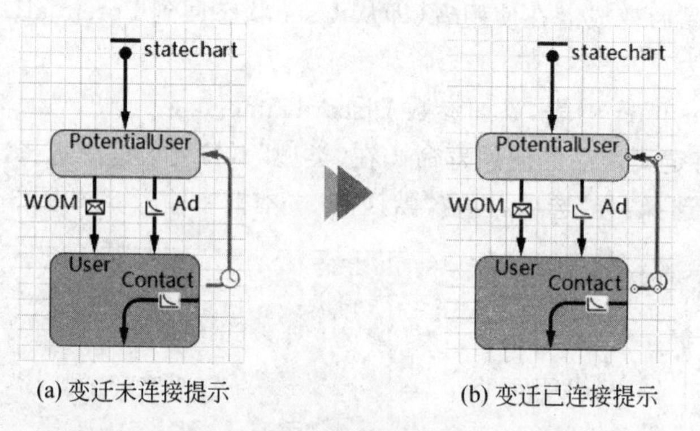

(a) 变迁未连接提示　　(b) 变迁已连接提示

图 3-76　变迁连接提示

【修正输入错误】

模型元素名称错误是一个常见的错误。AnyLogic 的名称区分大小写,即在模型元素的属性中输入 Discardtime(而不是 DiscardTime)将导致如图 3-77 所示错误的发生。

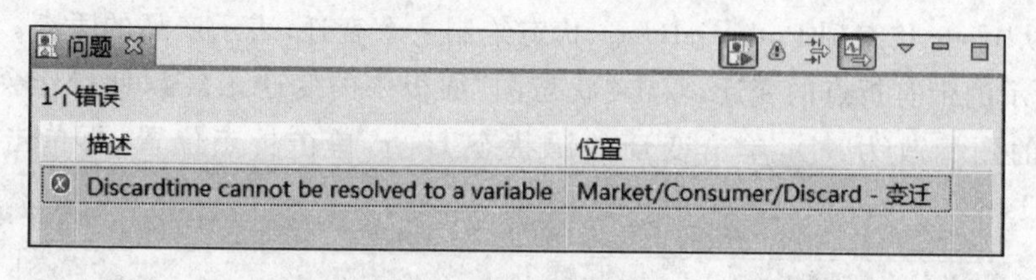

图 3-77　修正输入错误

为修正该错误,在“问题”视图中双击错误。若该错误是图形化的,AnyLogic 将高亮图形化编辑器中引起错误的元素。若该错误位于一个元素的属性中,AnyLogic 将打开该元素的属性,显示问题出现的区域。

模拟产品丢弃的工作已经完成,任何丢弃都将产生一个紧急需要来购买一个替代品。

(5) 运行模型,观察丢弃如何影响产品的采纳动态。即使该产品在市场中饱和,也会出现偶然的产品丢弃,如图 3-78 所示。

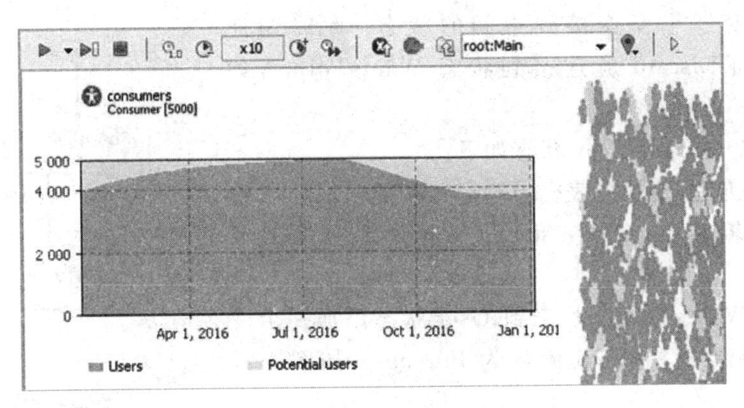

图 3-78 丢弃对产品的采纳动态影响

3.7 考虑交货期

模型假设产品一直可用，从 PotentialUser 状态到 User 状态的变迁是无条件、快速的。在此阶段，在状态图中添加一个状态，表示智能体决定购买该产品到它们收到产品时的时间间隔，以改善现有模型。

(1) 将 User 状态向屏幕的底部移动，以在 PotentialUser 状态和 User 状态之间预留一个位置来添加一个新的状态，如图 3-79 所示。

(2) 断开与 User 状态连接的变迁。

选择 WOM 和 Ad 变迁，向屏幕上方移动它们的终点，断开与 PotentialUser 状态连接的变迁 Discard，如图 3-80 所示。

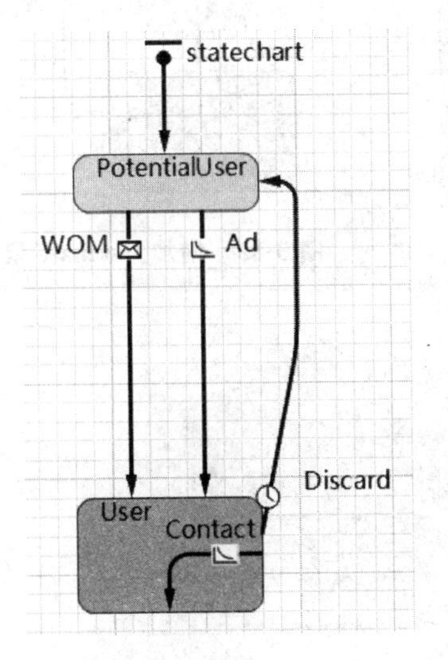

图 3-79 移动 User 状态

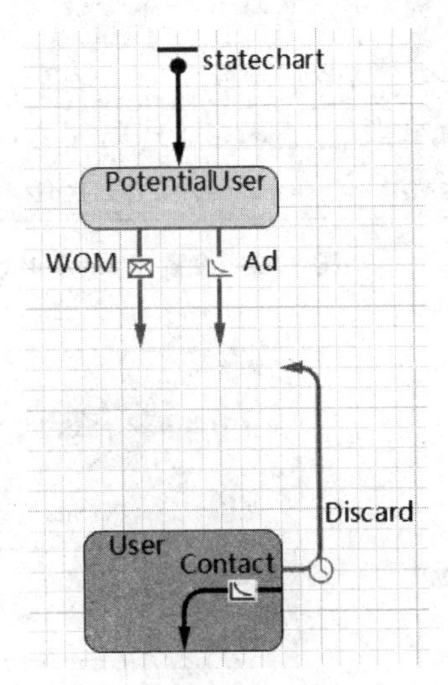

图 3-80 断开的变迁

(3) 从“状态图”面板中添加另一个状态，放置在消费者状态图的中间位置，并将其命名为 WantsToBuy。在此状态的消费者已经决定购买该产品，但还没有完成购买。

(4) 将变迁重新连接到中间的状态：此时变迁 WOM、Ad 和 Discard 应连接到状态 WantsToBuy，如图 3-81 所示。

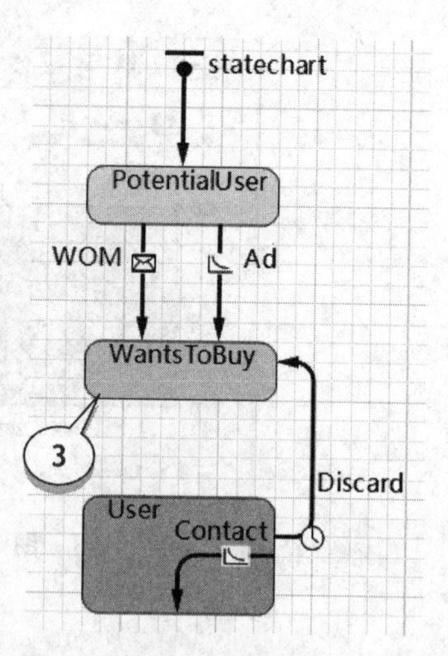

图 3-81 将变迁与 WantsToBuy 状态连接

(5) 修改 WantsToBuy 状态如下：

在“填充颜色”下拉列表框中选择 gold 选项；“进入行动”文本框中输入 shapeBody. setFillColor(gold)，如图 3-82 所示。

(6) 从 WantsToBuy 状态到 User 状态添加一个变迁，模拟产品装载，并将其命名为 Purchase，如图 3-83 所示。

(7) 假设获取该产品通常需要花费用户两天的时间，表示一旦消费者的状态图进入 WantsToBuy 状态，转到 User 状态需要一个 2 天的延时。因此，在变迁 Purchase 中设置“到时”为 2 天，如图 3-84 所示。

图 3-82 设置 WantsToBuy 状态

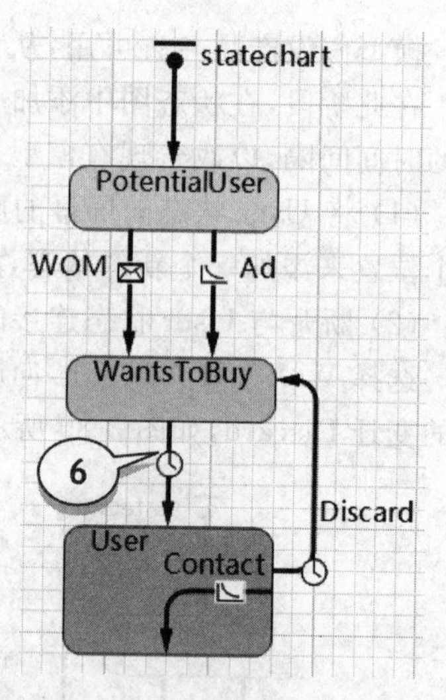

图 3-83 增加 Purchase 状态

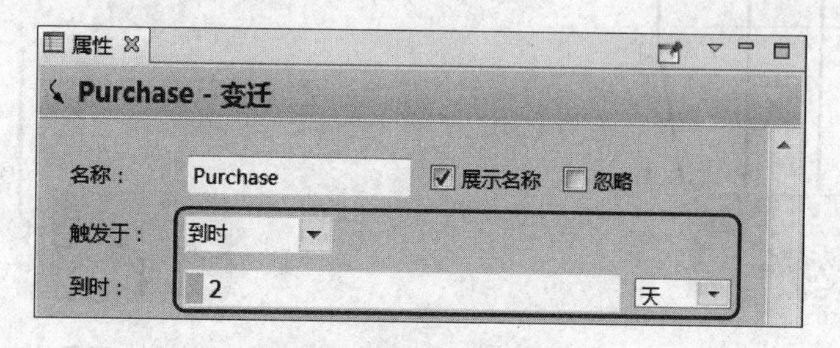

图 3-84 设置 Purchase 变迁

(8) 再定义一个统计函数，对产品的市场导向需求进行计数。在 Main 编辑器中，单击 consumers，进入“统计”属性区域，添加一个统计项 NWantToBuy，条件设置为 item.

inState(Consumer. WantsToBuy)，如图 3-85 所示。

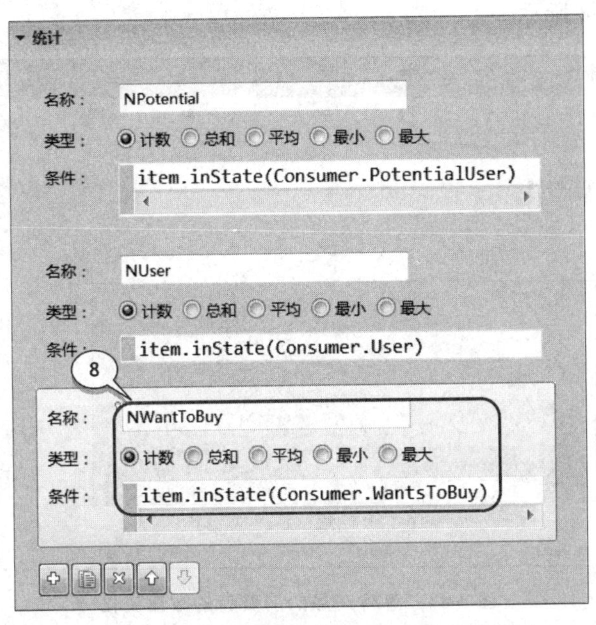

图 3-85 添加对产品市场导向需求的统计函数

(9) 在 Main 中，选择时间堆叠图，添加另一个数据项，显示图表值为 consumers. NWantToBuy()，标题为 Want to buy，颜色为 gold。

(10) 若要将新定义的数据项列于第二位，选择该项的区域，单击向上按钮，如图 3-86 所示。移动数据项后，其在时间堆叠图中的显示情况如图 3-87 所示。

图 3-86 向上移动数据项按钮

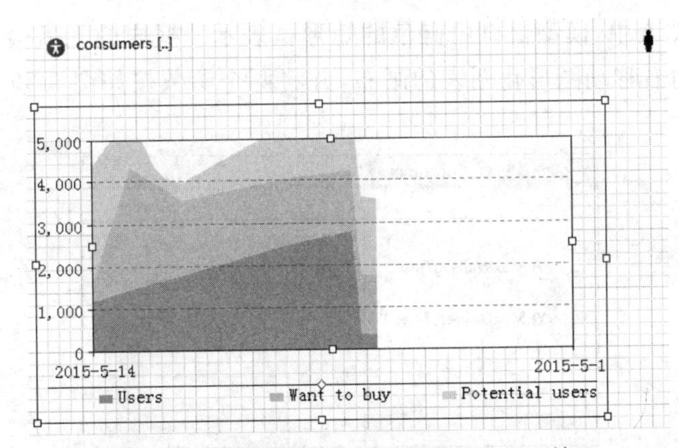

图 3-87 移动数据项后时间堆叠图的显示情况

(11) 运行模型，注意观察AnyLogic中显示为黄色的区域表示等待产品的消费者的数量变化，如图3-88所示。

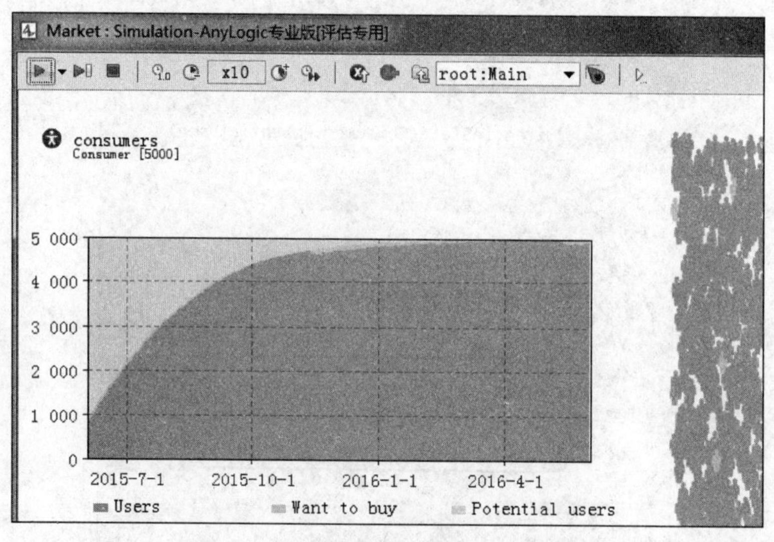

图3-88　等待产品的消费者的数量变化

3.8　模拟消费者失去耐心

在此阶段，将模拟消费者愿意等待交货期的变化。若交货期超过了消费者愿意等待的时间，消费者将重新考虑购买商品的决定，返回到潜在用户状态，而不是想要购买产品的状态。

在Main中定义最大产品交货期(25天)和最大消费者等待时间(7天)两个参数。

(1) 打开Main智能体类图表。

(2) 由于不希望在模型运行时在模型窗口中显示模型的参数，可将其放置在模型窗口的默认显示区之外。

在Main类图表中，模型窗口用蓝色的矩形框表示。框内的元素会在模型运行时显示，但通过稍微向右移动图形化图表的画布，并将两个参数按如图3-89所示进行放置来隐藏这些参数。

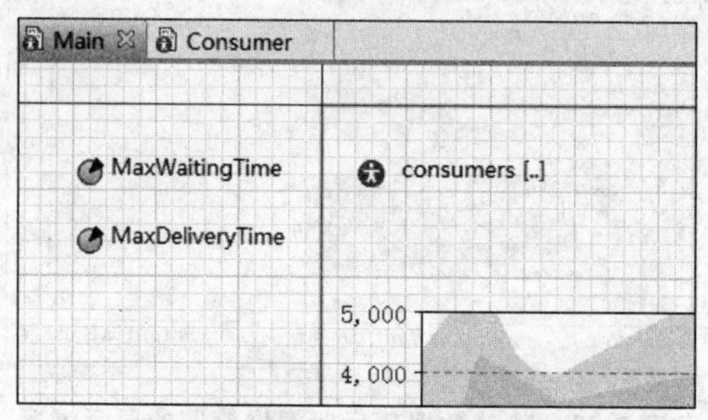

图3-89　移动图形化图表的画布

移动图形化图表的画布，按住鼠标右键并移动鼠标。

(3) 配置参数。MaxWaitingTime 定义了消费者等待产品的最大时间(此处设为 7 天)，如图 3-90 所示。

图 3-90 设置消费者等待产品的最大时间为 7 天

(4) 将另一个参数 MaxDeliveryTime 设置为 25 天，表示产品最大交货期为 25 天，如图 3-91 所示。

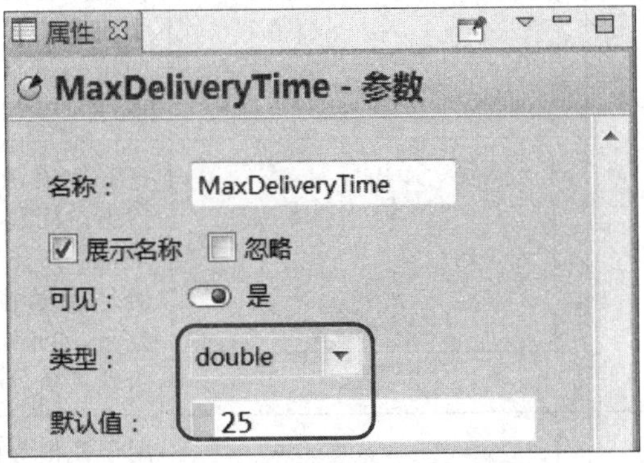

图 3-91 设置产品最大交货期为 25 天

假设产品交货期范围为 1～25 天，平均交货期为 2 天。考虑到这种情况，将固定的 2 天交货期更改为描述此模式的随机表达式。

【概率分布函数】

表 3-2 列出了 AnyLogic 中常用的分布，全部列表见软件的帮助部分。

三角概率分布是定义所需时间模式的最简单方式。

(5) 打开 Consumer 图表，选择 Purchase 变迁。要更改此变迁的到时表达式，使用向导选择分布函数并在属性中插入函数的名称。使用鼠标选择当前的到时表达式将其进行替换，如图 3-92 所示。

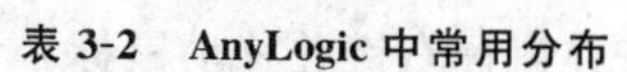

表 3-2　AnyLogic 中常用分布

概率分布	图形	主要应用
均匀分布 uniform(min,max)	平均值 最小值　最大值	已知最小值和最大值,但是介于最小值和最大值之间其他值的分布情况未知,即不知道一个值是否比其他值取值频繁,假定最大值与最小值之间取值的机会均等
三角分布 triangular(min,mode,max)	平均值 最小值　众数　最大值	已知最小值、最大值即对最可能选取的值的猜测,三角分布常用于没有足够样本构建一个有意义图形服务时间和运行持续时间的分布
指数分布 exponential(lambda,min)	平均值	利用泊松过程描述时间,即事件以一个恒定的平均速率独立的发生。 用于流程模型中消费者、部件、呼叫、交易或故障的到达间隔时间。 在基于智能体的模型中,指数分布用于按速率变迁中的到时,模拟智能体中按一定全局平均速率发生的独立事件
正态分布 normal(sigma,mean)	平均 平均值	良好地描述在平均值附近较集中的数据。注意,正态分布的两侧没有界限,若要强加界限(即表面出现负值),需使用其截断形式或使用其他分布,如正态分布、韦伯分布、伽马分布或贝塔分布等
离散均匀分布 uniform_discr(min,max)	最小值　最大值	用于模拟等概率有限数量的结果,或用于描述哪些结果最可能发生。 注意,最小值和最大值都包括在可能取值的集合中,因此,调用 uniform_discr(3,7)将返回 3、4、5、6 或 7 (Borshchev,2013)

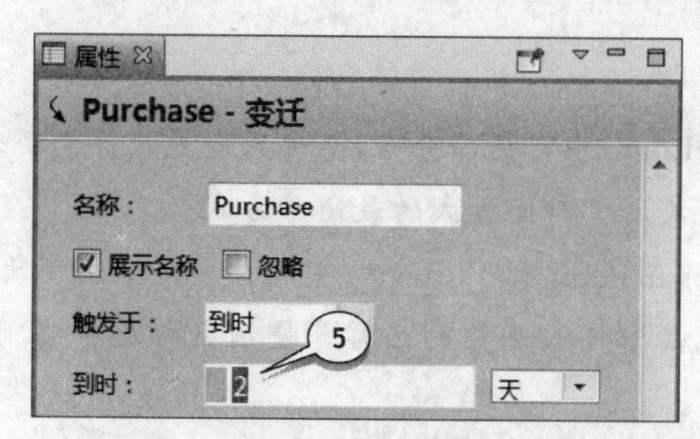

图 3-92　设置"Purchase-变迁""到时"

(6) 单击“选择概率分布”按钮,如图 3-93 所示。

图 3-93 单击“选择概率分布”按钮选择分布

(7) “选择概率分布”对话框如图 3-94 所示。

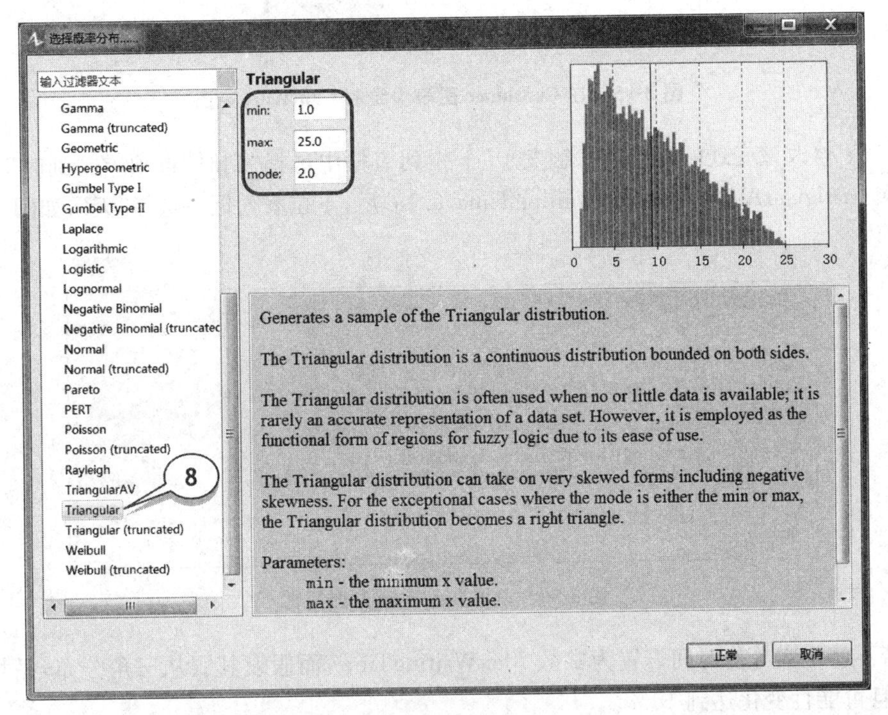

图 3-94 “选择概率分布”对话框

(8) 在“选择概率分布”对话框中,允许用户查看软件支持分布的列表。用户可通过单击列表中的任意名称来查看相应分布的描述。选择列表中的 Triangular(指数分布),将 min、max 和 mode 参数分别设置为 1、25 和 2。在屏幕的右上角,服从指定参数指数分布的 PDF 会被立即建立,完成后单击“正常”按钮。

(9) 表达式 triangular(1,25,2)自动地插入到“到时”值,将其修改为 triangular(1, main. MaxDeliveryTime,2)。

这里,main 是从消费者智能体访问 Main 智能体的途径。

(10) 绘制最后一个变迁 CantWait,从 WantsToBuy 状态连接到 PotentialUser 状态。该变迁将模拟消费者因失去耐心而改变对该产品的购买决定,Consumer 图表如

图 3-95 所示。

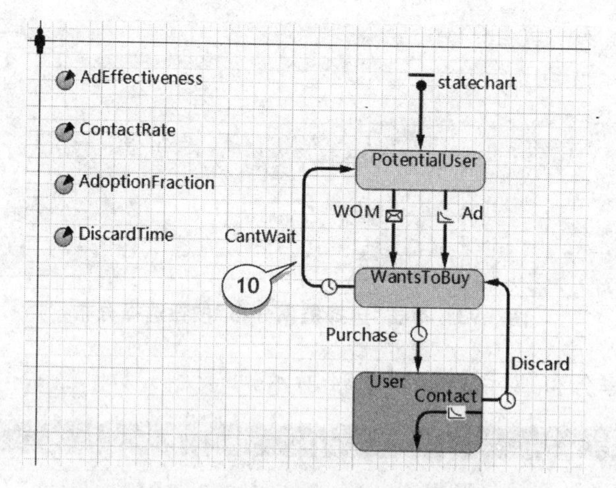

图 3-95　在 Consumer 图表中绘制 CantWait 变迁

(11) 修改该变迁的属性，在“触发于”下拉列表框中选择“到时”选项，在“到时”文本框中输入 triangularAV(main. MaxWaitingTime，0. 15)后，下拉表列框中选择“天”，如图 3-96 所示。

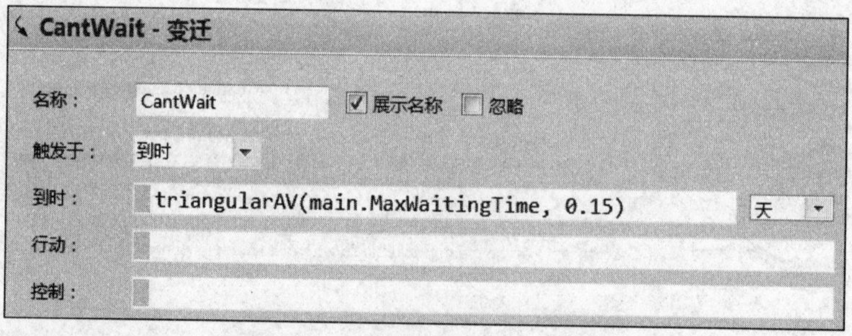

CantWait - 变迁

名称：CantWait　☑展示名称　☐忽略

触发于：到时

到时：triangularAV(main.MaxWaitingTime, 0.15)　天

行动：

控制：

图 3-96　设置 CantWait 变迁属性

若不将最大等待时间设置为常数 MaxWaitingTime，而假设其服从三角分布，平均值为一周，且可能性变化达到 15%。

将最大等待时间和最大交货期定义为常数非常容易，但需动态地改变该数值以观察这些变化对系统行为的影响。一种方法是通过添加控件并将其链接到模型参数中来增加模型的交互性。

【控件】

AnyLogic 的控件可帮助用户在模型中添加交互性。在模型执行前，利用它们设置参数及更改模型动态。控件可运行代码或对模型的参数进行更改。

此外，还可以利用控件联合一个任意行动，如调用函数、安排事件、发送消息或停止模型等。用户每次使用控件后执行行动。在控件的行动代码区域，控件值通常是有效的，它通过控件的 getValue()函数返回。

表 3-3 描述了每种控件。

表 3-3 控件描述

控件	描述
按钮 Stop the agent	使用户能够交互的影响模型。可以定义一个特定的行动(在按钮的行动属性中),使模型在运行时每次单击该按钮执行相应行动
复选框 Show density map	可以选择或取消选择控件,对用户显示其状态。复选框常用来更改布尔变量和参数的值
文本框 36.6	文本控件允许用户输入一小段文本。可将该控件链接到一个变量或一个String、double 或 int 类型的参数。在这种情况下,当用户更改文本框中的内容时,与其链接的变量/参数会快速地接受此内容为它们的值
单选按钮 choice 1 choice 2 choice 3	在同一时间,只能选择单选按钮组中的一个按钮。可将该控件链接到变量或 int 类型的参数。这样,当用户从一组按钮中选择一个选项时,其链接的变量/参数会快速得到该选项的索引,并将其作为值。单选按钮中定义的第一个按钮索引为 0,第二个索引为 1,以此类推
滑块 0 34 100	通过滑块,可使用户图形化地选择一个有界区间内的数值。通常用于在模型运行期间修改数值变量和参数的值。若难以设置精确的 double 类型值,可以使用文本框的输入代替滑块

此外,AnyLogic 专业版软件还支持其他 4 种控件:

- 组合框;
- 列表框;
- 文件选择器;
- 进度条。

在本示例模型中,将添加一个滑块控制,以实现有限区间内的数值选择。滑块通常用于修改数值变量和参数的值。

(12) 返回到 Main 图表。打开"控件"面板,将两个滑块拖曳到图表下侧,并将这两个滑块链接到两个参数,如图 3-97 所示。

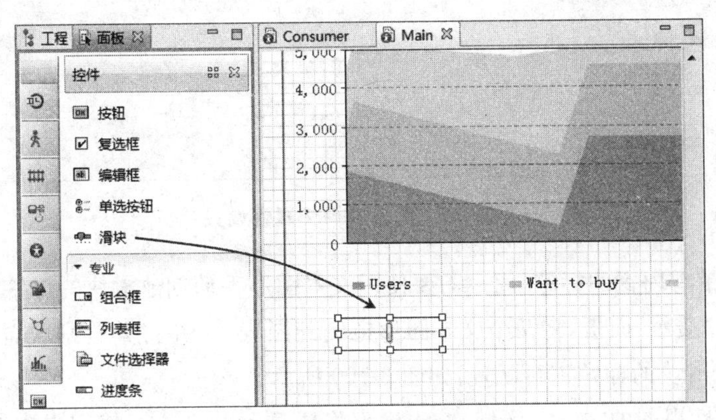

图 3-97 在 Main 中增加滑块

(13) 修改滑块的属性：

- 选择“链接到”复选框，并在右侧的下拉列表框中选择 MaxWaitingTime 选项；
- 设置滑块的“最小值”和“最大值”，参数值可在此处定义的范围内变化，现将最小值设置为 2，最大值设置为 15；
- 单击“添加标签”按钮，以在模型运行时显示滑块的最小值、最大值和当前值（最小值、当前值和最大值的文本图形将显示在滑块的下方），如图 3-98 所示。

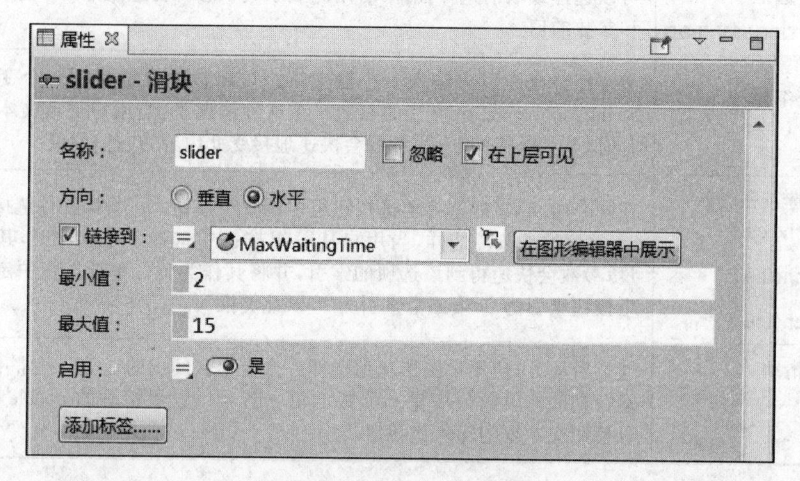

图 3-98 滑块 slider 属性设置

(14) 如图 3-99 所示，添加另一个滑块。

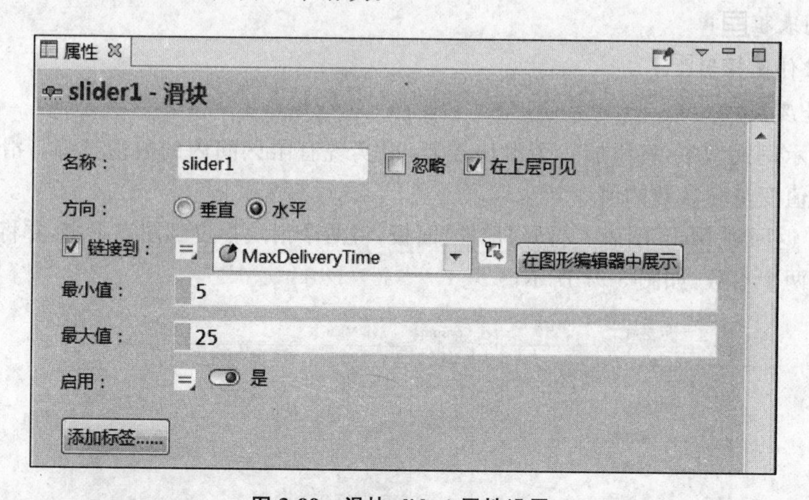

图 3-99 滑块 slider1 属性设置

一些控件带有内置的标签，用户需要使用文本图形手动创建滑块的标签。

(15) 打开“演示”面板，将两个文本图形拖曳到图表中，并将其分别放置在两个滑块的上方，对这两个滑块的标题进行配置，如图 3-100 所示。

(16) 在属性视图的“文本”区域，输入模型将要显示的文本。使用文本图形，将其中一

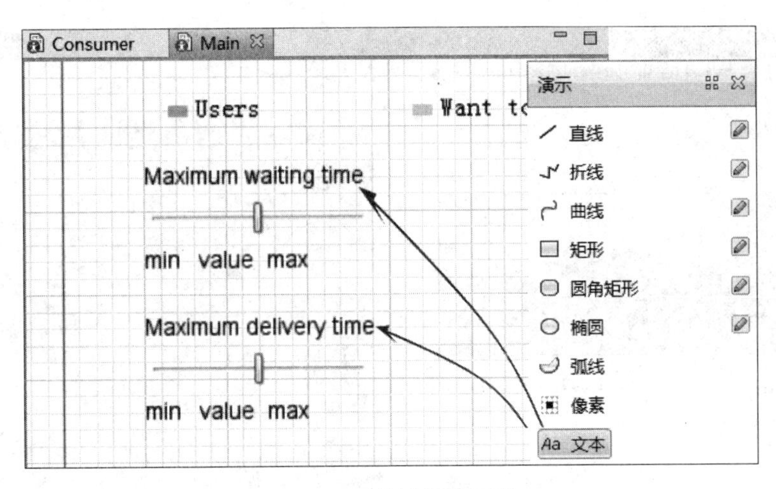

图 3-100 设置滑块标题

个滑块命名为 Maximum waiting time，如图 3-101 所示；另一个滑块命名为 Maximum delivery time。

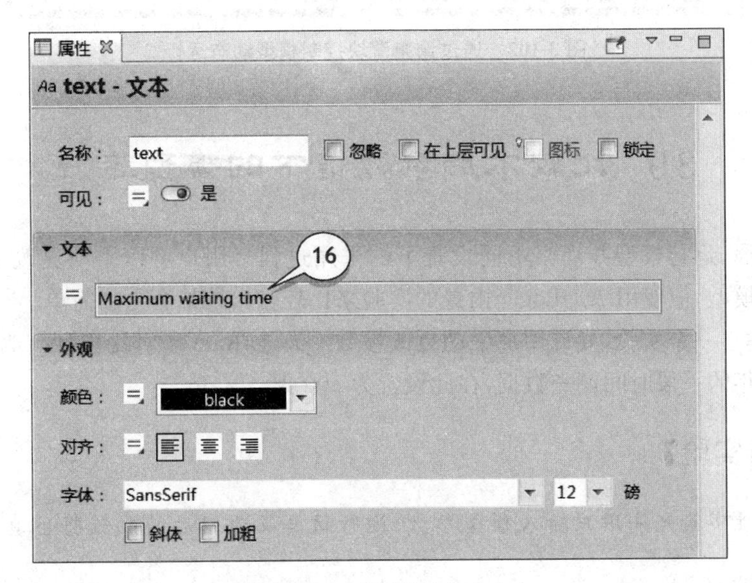

图 3-101 对滑块进行命名

(17) 在“文本”属性区域的“外观”下侧，可以自定义文本颜色、对齐、字体和磅值。

显示滑块最小值、当前值和最大值的标签仍然是“文本”图形。在模型运行期间，其动态属性将显示滑块的最小值、当前值和最大值，用户可以像编辑其他任何文本一样编辑这些标签。

用户可以将 consumers 元素移动到左侧演示窗口框之外。

(18) 运行模型并观察其行为。当利用滑块更改最大等待时间或最大交货期时，可以观察到该操作反映到消费者行为的变化以及整体采纳的动态性，如图 3-102 所示。

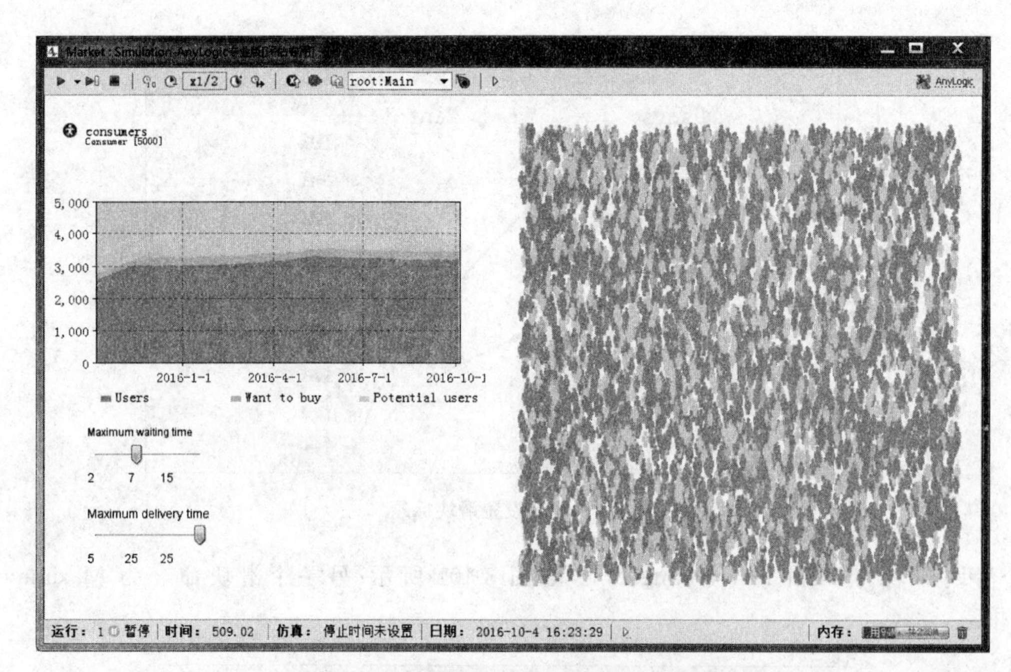

图 3-102 通过调整滑块控制模型动态运行

3.9 比较不同参数值下的模型运行

在此阶段，运行模型并观察不同设置下的采用过程。用户可以手动更改参数值、运行模型及保存模型，但使用 AnyLogic 内置的实验来比较输出结果会更加简单。

首先，建立一个实验，允许用户手动更改参数 ContactRate 和对比模型行为。实验中希望从超过一年的一段时间调查数据，在此设置为 500 天。

【比较运行实验】

此交互性实验允许用户输入模型参数、运行仿真及为以后的比较将仿真输出添加到图表。

实验的默认用户界面包括输入区和输出图表。参数根据其值编辑器的设置定义输入和参数的控制类型。

(1) 打开 Main 图表，从分析面板中添加一个数据集，并将其命名为 usersDS，如图 3-103 所示。

数据集能够存储 double 类型的 2D (X，Y)数据。在此示例模型中，希望存储产品动态历史销量。要存储数据样本，每个数据样本带有一个时间戳和当前产品用户的数量。

(2) 若要存储时间戳，选择数据集中的“使用时间作为横轴值”选项。

(3) 设置数据集将要存储的值。在“垂直轴值”文本框中，输入 consumers. NUser()。

(4) 数据集保留有限数量的当前最新数据项，在此限制采样大小为 500。将数据集设置

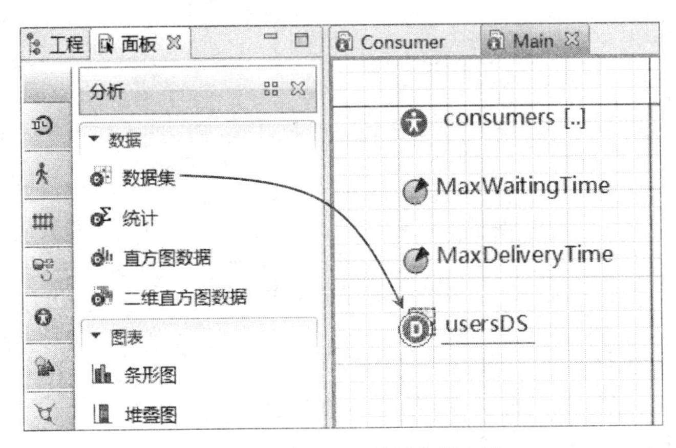

图 3-103　在 Main 中增加数据集

为“保留至多 500 个最新的样本”。选择“自动更新数据”单选按钮，默认“复发时间”为 1 天。模型将添加使用期内一天的数据样本，如图 3-104 所示。

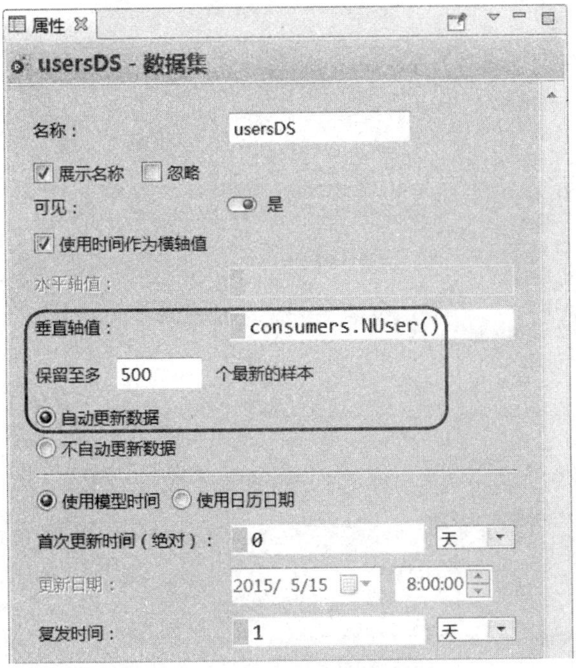

图 3-104　设置数据集属性

至此，完成设置存储关键变量历史数据(产品用户的数量)的数据集。通过调用已对智能体群 consumers 创建的统计函数 NUser()来获取数据样本。

(5) 然后，更改 Main 图表中两个参数(MaxWaitingTime 和 MaxDeliveryTime)的“值编辑器”区域。将在控制类型下拉列表框中选择“滑块”选项，按照 Main 中对滑块的设置，设置此处的最小和最大值，还可根据需要更改默认标签(即 Maximum waiting time)，如图 3-105 所示。

图 3-105　设置参数属性

现在准备创建比较运行实验。

(6) 打开工程视图，右击模型项，在弹出的快捷菜单中选择"新建"→"实验"选项。弹出"新建实验"对话框，如图 3-106 所示。

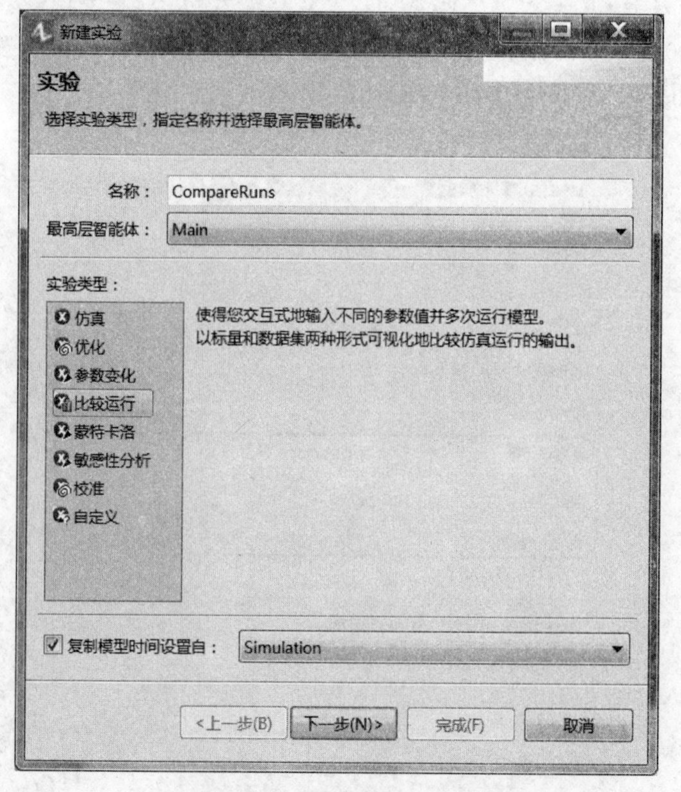

图 3-106　"新建实验"对话框

(7) 从实验类型列表中选择"比较运行"实验，单击"下一步"按钮。

(8) 在进入的"参数"页面中，将创建的两个参数添加到"选择"列表框中。添加一个参数，需在左侧的"可用"列表框中选中它，单击▸箭头，也可以单击▸▸按钮添加可用列表框中的所有参数。然后单击"下一步"按钮，如图 3-107 所示。

(9) 在"图表"页面中，为该实验配置输出图表。图表中将显示数据集 usersDS 收集到的数据，进行如下设置：

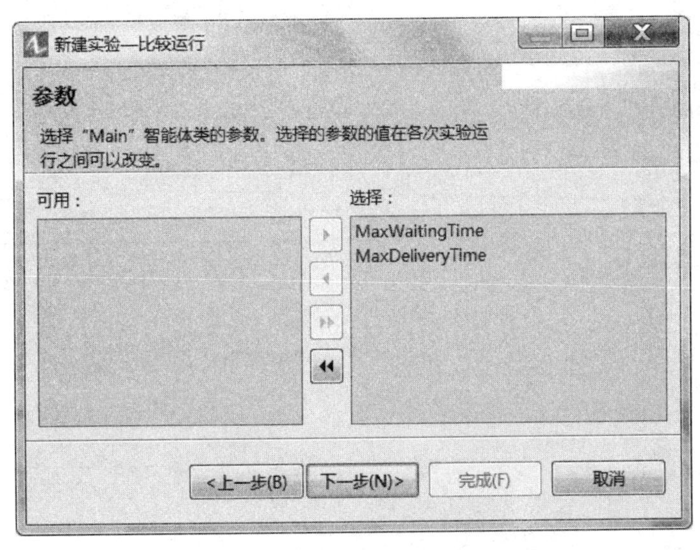

图 3-107 添加比较运行参数

① 在"类型"列，选择"数据集"项。

② 在"图表标题"列，输入 Users。

③ 在"表达式"列，引用 Main 中已定义的数据集 root. usersDS，其中 root 是模型的最高层智能体(Main)，如图 3-108 所示。

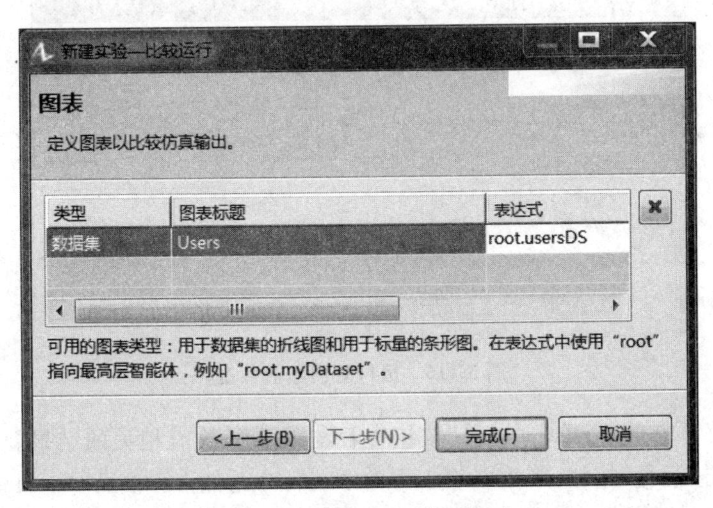

图 3-108 设置实验的输出图表

(10) 单击"完成"按钮。

添加的比较运行实验的图表会自动打开，可以看到用向导创建的默认用户界面，如图 3-109 所示。

(11) 希望实验只对 500 天的模型进行仿真。为实现该功能，在工程树中选择"CompareRuns: Main"实验。在实验属性中，打开"模型时间"属性区域，在"停止时间"区域输入 500。

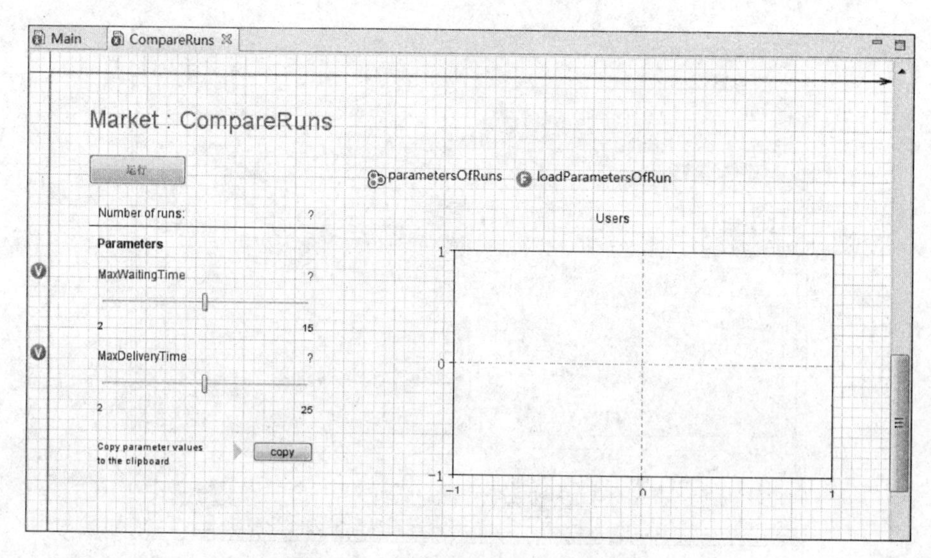

图 3-109　比较运行实验的默认图表

(12) 运行实验。从运行列表中选择新创建的实验 Market/CompareRuns，如图 3-110 所示，或右击工程树中的“CompareRuns: Main”实验，从弹出的快捷菜单中选择“运行”选项。

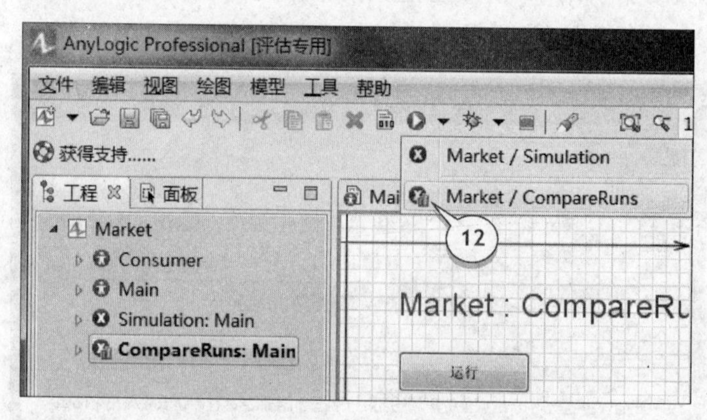

图 3-110　运行新创建的实验

(13) 在模型窗口中，单击“运行”按钮查看与默认参数值相关的结果。然后，更改参数值，再次单击“运行”按钮，观察新设置下的系统行为。图 3-111 显示了可供查看的所有结果。

(14) 图表中的每条曲线都对应着一次仿真运行，单击图表中图例的任何一项都可以高亮其对应的仿真运行曲线，如图 3-112 所示。左侧的控制部分会显示导致该结果的值。取消选定一条曲线，只需再次单击其图例。

(15) 右击某一图例，从弹出的快捷菜单中选择“复制所有”或“复制选择的”选项，可以复制相应的数据集。

由于完成了基于智能体的 Market 模型的开发，用户可以添加更加复杂的消费者逻

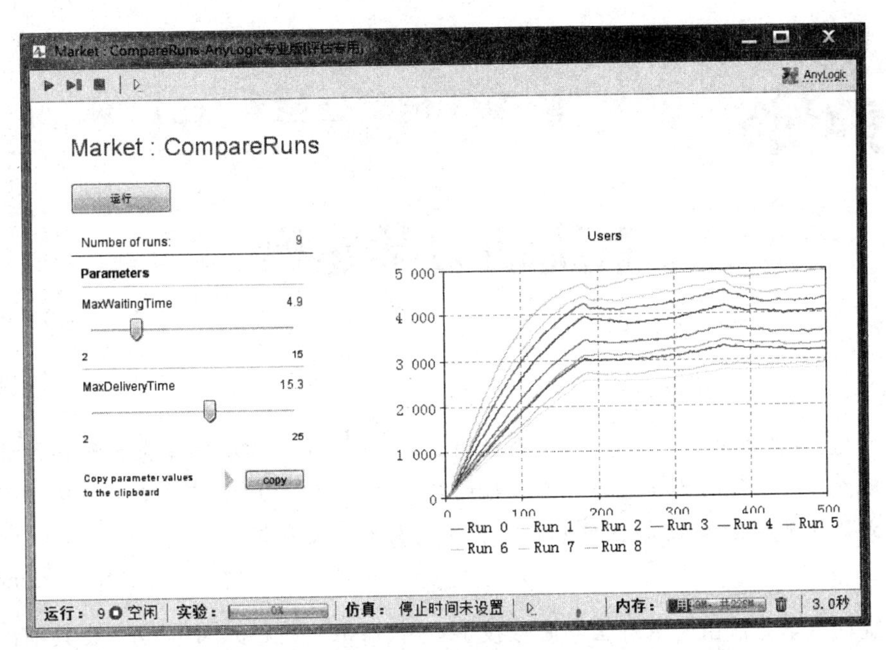

图 3-111 运行结果显示

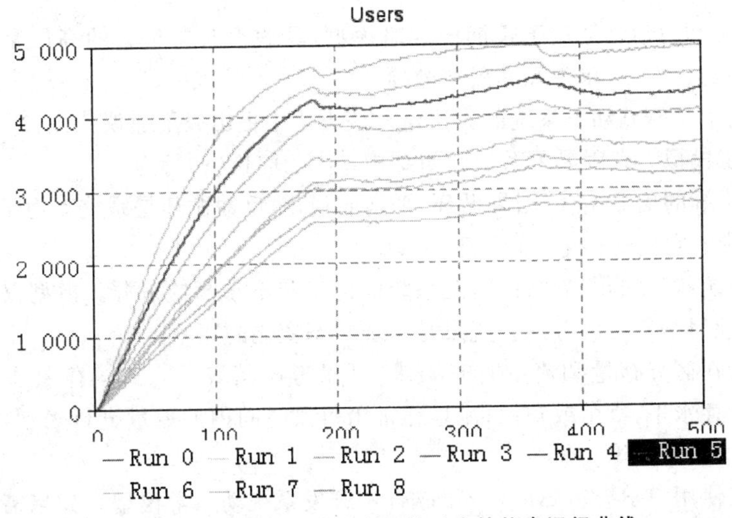

图 3-112 单击任一项选中与其对应的仿真运行曲线

辑来扩展该模型(如引入竞争产品)。在 AnyLogic 示例模型的 Models from the "Big Book of Simulation Modeling"区域可以找到一个与本示例模型相类似的 Statechart for Choice of Competing Products 模型。若要找该模型,可以从"帮助"菜单中选择"示例模型"。

第 4 章 chapter 4

系统动力学建模

“系统动力学是一个直觉、概念性的工具，使用户可以理解复杂系统的结构和动态性。系统动力学也是一个严格的建模方法，使用户可以对复杂系统构建正式的计算机仿真，并使用它们设计更加有效的政策和组织。”

——John Sterman

系统动力学方法由麻省理工学院教授 Jay Forrester 于 1950 年创立。在其给出的科学工程背景下，Forrester 教授利用了物理学定律，尤其是电路定律，研究经济和社会系统。

如今，系统动力学广泛用于长期的战略模型，其假设对象集合的高层是系统动力学模型，定量表示人、产品、事件和其他离散项。

系统动力学是研究动态系统的方法论。该方法中提出以下建议：

- 将系统模拟为有因果关系的封闭结构，定义其自己的行为；
- 发掘系统的反馈循环（因果循环）平衡或强化，反馈循环是系统动力学的核心；
- 明确影响它们的存量（累积）和流量。

存量是系统状态的积累和特征，是系统的记忆和不平衡的来源。模型仅处理聚集问题，存量中的项目是不可区分的。流量是系统状态变化的速率。

如果读者在区分存量和流量时有困难，可以考虑其表示方式。存量通常用数量表示，如人群、库存水平、货币或知识；流量通常用每段时间内的数量进行表示，如每个月的客户数、每年的美元数等。

本章旨在使用户学会在 AnyLogic 软件中开发系统动力学模型。如果需要了解关于该方法的更多信息，推荐读者阅读 John Sterman 撰写的《商业动态：复杂世界的系统思考与建模》一书。

4.1 SEIR 模型

构建一个显示传染病在大量人群中传播的模型。本示例模型设置人口数为 10 000 人，将此值命名为 TotalPopulation，人群中有一人被感染。

(1) 在感染阶段，每个人每天平均以接触率 ContactRateInfectious＝1.25 与其他人发生接触。若感染者与一个易感染者接触,则此易感染者被感染的概率 Infectivity=0.6。

(2) 易感染者被感染后,感染潜伏期会持续 AverageIncubationTime=10(天)。在此使用“染病”来描述处于潜伏期阶段的人。

(3) 潜伏期阶段结束后,传染阶段开始,此阶段将持续 AverageIllnessDuration=15 天。

(4) 痊愈的患者对该疾病的二次感染具有免疫力。

4.2 创建一个存量和流量图

(1) 从菜单中选择“文件”→“新建”→“模型”选项,创建一个新的模型,并将其命名为 SEIR。

绘制存量和流量图。为模拟该传染过程,需减少人口的多样性。在本示例模型中,考虑 4 类重要人口特征:

- 易感染者(Susceptible):尚未感染病毒的人。
- 染病者(Exposed):感染病毒但不能传染他人的病人。
- 传染者(Infectious):感染病毒且能传染他人的人。
- 痊愈者(Recovered):从病毒中痊愈的病人。

SEIR 是表示以上 4 个阶段,即易感染者-染病者-传染者-痊愈者的缩写。所用术语和问题的整体结构参考于("Compartmental models in epidemiology". n.d.),即源于(Susceptible Exposed Infectious Recovered)模型。

本示例模型中共有 4 个存量,每个阶段有一个存量。

(2) 打开“系统动力”学面板。将“存量”从“系统动力学”面板中拖曳到图表中,并将其命名为 Susceptible,如图 4-1 所示。

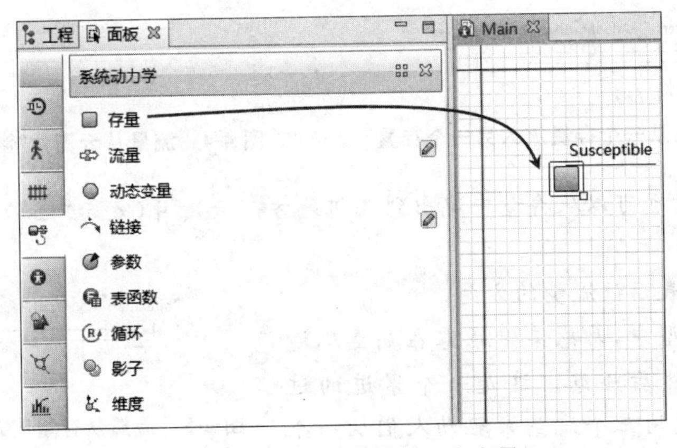

图 4-1 在 Main 中添加一个存量

(3) 再添加三个存量。按图 4-2 所示的形式进行放置,并将其分别命名为 Exposed、Infectious 和 Recovered。

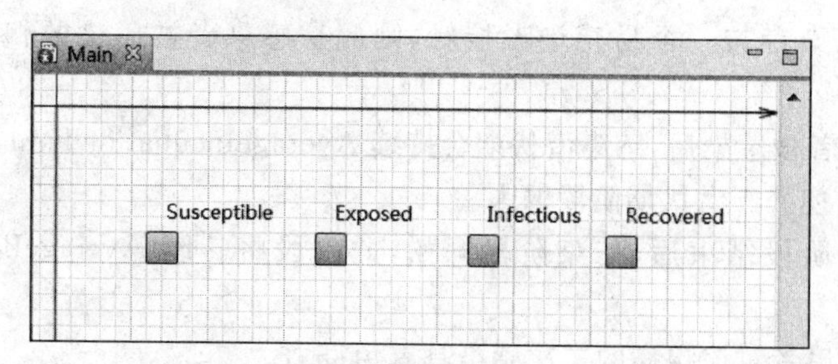

图 4-2　在 Main 中再添加三个存量

【存量和流量】

在系统动力学中，存量（也称为水平、累积或状态变量）代表真实世界中的材料、知识、人群、货币等。流量定义了它们的变化率，即存量的值如何变化，从而定义了系统的动态特性。存量和流量举例如表 4-1 所示。

表 4-1　存量和流量示例

存量	流入	流出
人口	出生 移民（迁入）	死亡 移民（迁出）
油箱	加油	油耗

流量可以流出一个存量并流入另一个存量。这样的流量在同一时刻对于第一个存量是流出，对于第二个存量是流入，如图 4-3 所示。

流量可以从任何地方流入存量。云图片（表示“源”）绘制于流量的始点，如图 4-4 所示。

图 4-3　流量从一个存量流入另一个存量

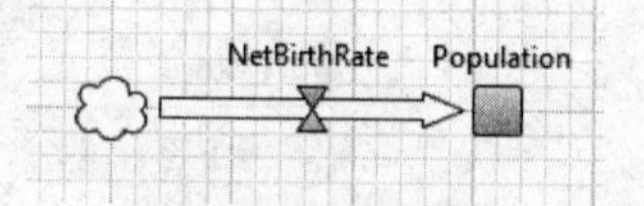

图 4-4　流量从云图片“源”流入存量

同样的，流量也可以从存量中流出到任何地方。云图片（表示“池”）绘制于流量的终点，如图 4-5 所示。

流量的箭头表示该流量的方向。

在本示例模型中，易感染者暴露在病毒环境中变成感染者，然后痊愈。这是一个累进的过程，需在模型中使用三个流量来驱动人们从一个存量流入下一个存量。

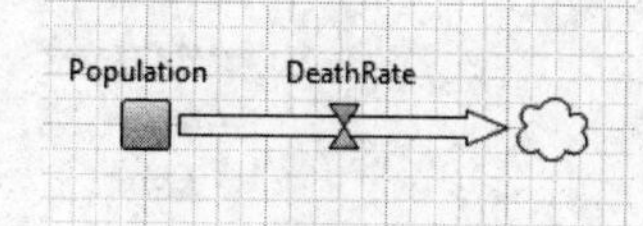

图 4-5　流量从存量流入云图片（“池”）

(4) 添加第一个流量，从 Susceptible 存量中流入 Exposed 存量。双击流量要流出的存量 Susceptible，再单击流量要流入的存量 Exposed，如图 4-6 所示。

(5) 将该流量命名为 ExposedRate,如图 4-7 所示。

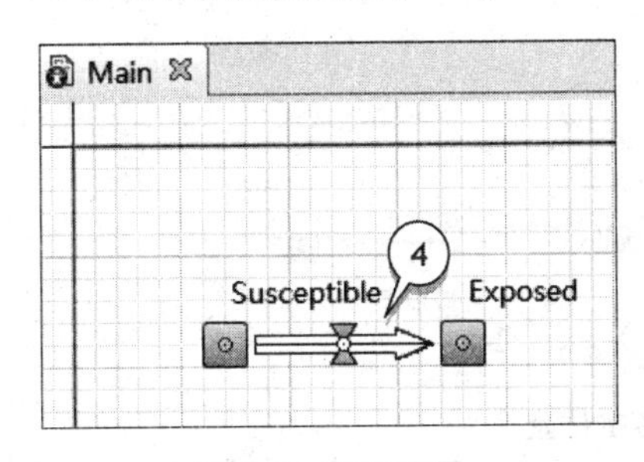

图 4-6 添加流量

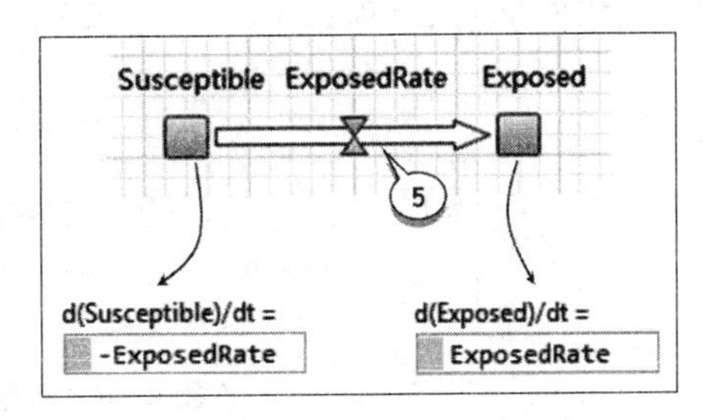

图 4-7 为流量命名

(6) 观察 Susceptible 和 Exposed 存量的公式数值。ExposedRate 流量减少了 Susceptible 存量的值,并增加了 Exposed 存量的值。当用户添加了流量之后,AnyLogic 会自动创建以上公式。

【存量的公式】

AnyLogic 可根据用户设置的存量-流量图自动生成存量公式。

存量值通过计算流量从该存量中的流入、流出得到。从当前存量值中加上流入值——增加存量值的流值,减去流出值——减少存量的流值:

```
inflow1+inflow2… -outflow1-outflow2 …
```

在经典系统中,只有动态符号的流量能够出现在公式中。公式不能编辑,也不能添加除了流入、流出的流量以外的其他元素。

(7) 添加一个从 Exposed 流向 Infectious 的流量,并将其命名为 InfectiousRate,如图 4-8 所示。

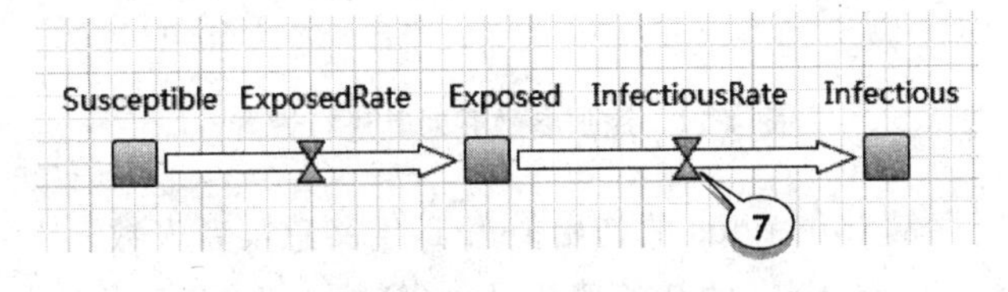

图 4-8 添加流量并命名为 InfectiousRate

(8) 添加从 Infectious 流向 Recovered 的流,并将其命名为 RecoveryRate,如图 4-9 所示。

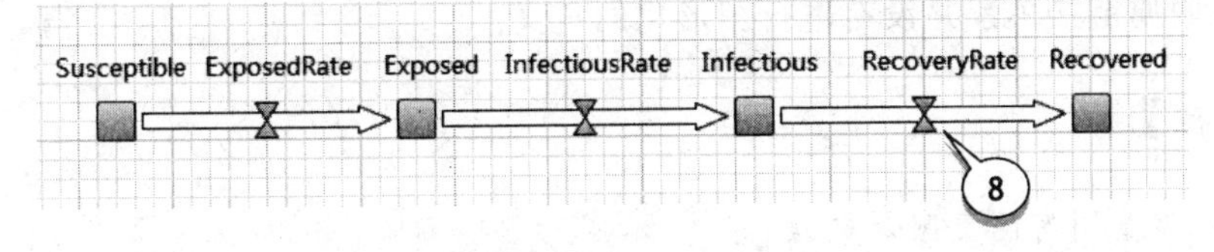

图 4-9 添加流量并命名为 RecoveryRate

(9) 重新布置各个流量的名字位置，如图 4-10 所示。执行此操作需选中一个流量，并移动该流的显示名称。

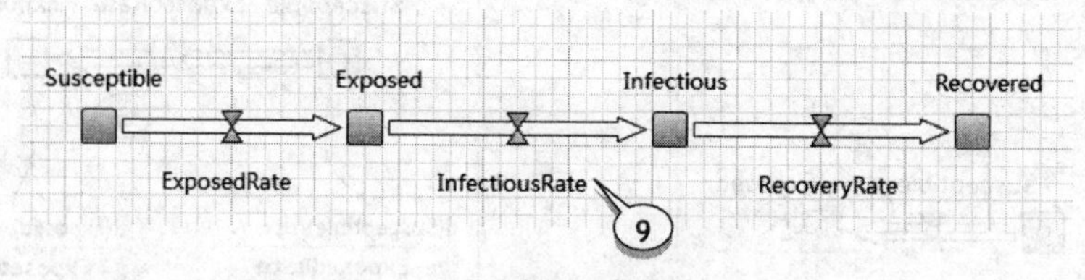

图 4-10　调整各流量名字位置

(10) 定义参数及其相关性。添加 5 个参数，将其命名并根据下列信息定义其默认值，如图 4-11 所示。

- TotalPopulation＝10 000；
- Infectivity＝0.6；
- ContactRateInfectious＝1.25；
- AverageIncubationTime＝10；
- AverageIllnessDuration＝15。

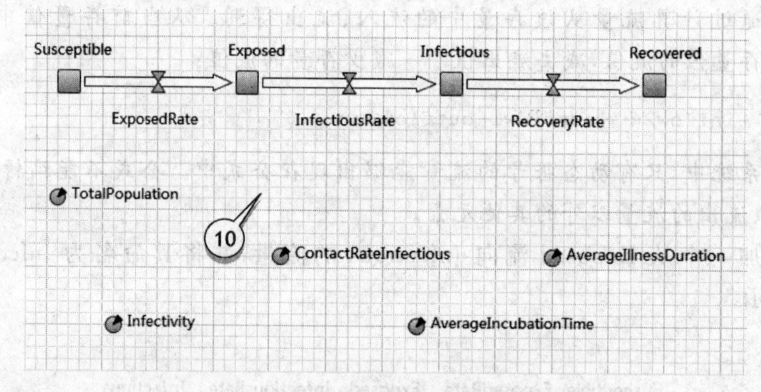

图 4-11　添加参数并对其进行设置

(11) 通过指定存量 Infectious 的初始值为 1，定义感染者人数。

(12) 定义存量 Susceptible 的初始值为 TotalPopulation－1。

可以按“Ctrl＋空格”键并从代码完成助手中选择该参数的名称，如图 4-12 所示。

在图 4-12 中，表达式左侧有红色错误标识。该错误是因为已经在存量和流量的两个元素(存量 Susceptible 的初始值取决于参数 TotalPopulation)之间定义了一个附属链接关系，但该附属链接关系并没有进行图形化的定义。

【附属链接】

存量和流量图有两类附属链接：

- 该元素(存量、流量、辅助变量、参数)在流量或辅助变量的公式中引用。该类型的附属链接用实线绘制，如图 4-13 所示。

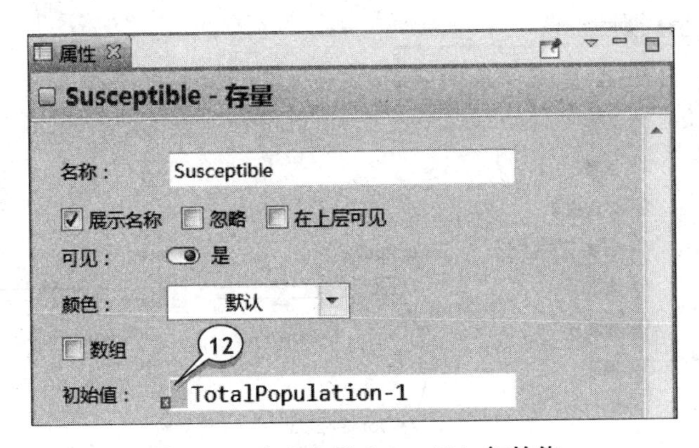

图 4-12 定义存量 Susceptible 初始值

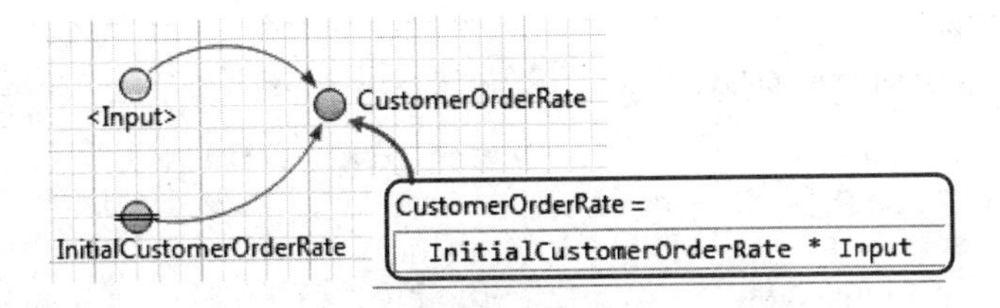

图 4-13 实线绘制的附属链接类型

• 该元素在存量的初始值中引用。该类型的附属链接用虚线绘制，如图 4-14 所示。

需使用链接来图形化的定义存量和流量图元素之间的附属。

如果元素 A 在公式或元素 B 的初始值中引用，需要先建立从 A 指向 B 的链接，并在 B 的属性中输入表达式。

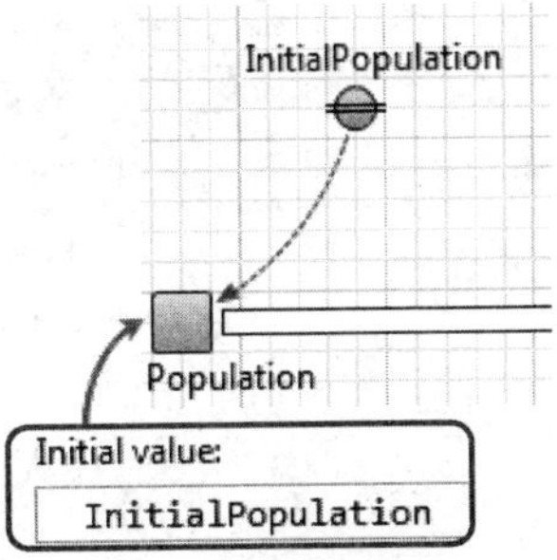

图 4-14 虚线绘制的附属链接类型

(13) 绘制从 TotalPopulation 指向 Susceptible 的附属链接。

在"系统动力学"面板中，双击"链接"元素，单击 TotalPopulation，再单击存量 Susceptible。一个端点带有小圆环的链接就绘制好了，如图 4-15 所示。

(14) 对流量 ExposedRate 定义公式。

单击该流量使用代码完成助手定义下列公式，如图 4-16 所示：

```
Infectious * ContactRateInfectious * Infectivity * Susceptible/TotalPopulation
```

应绘制从所提变量和参数指向此流量的附属链接。手动绘制该链接非常繁琐，因此下面介绍如何用 AnyLogic 的链接自动创建机制来添加链接。

(15) 右击图形化图表中的 ExposedRate 流量，从弹出的快捷菜单中依次选择"修复依赖性链接"→"创建缺失的链接"选项。存量和流量图的链接如图 4-17 所示。

(16) 对 InfectiousRate 定义公式为 Exposed/AverageIncubationTime。

(17) 对 RecoveredRate 定义公式为 Infectious/AverageIllnessDuration。

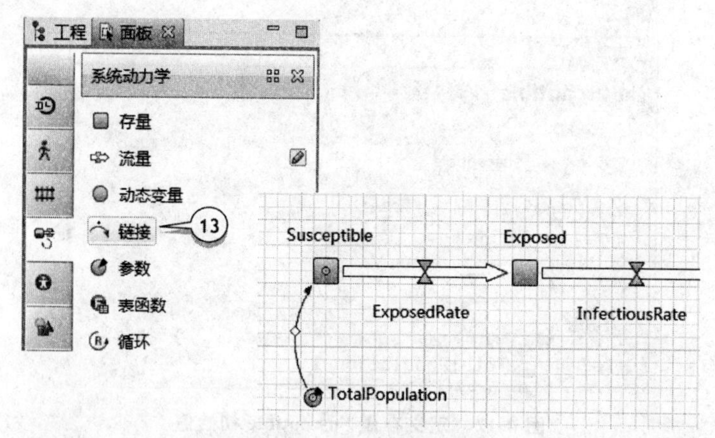

图 4-15 绘制附属链接

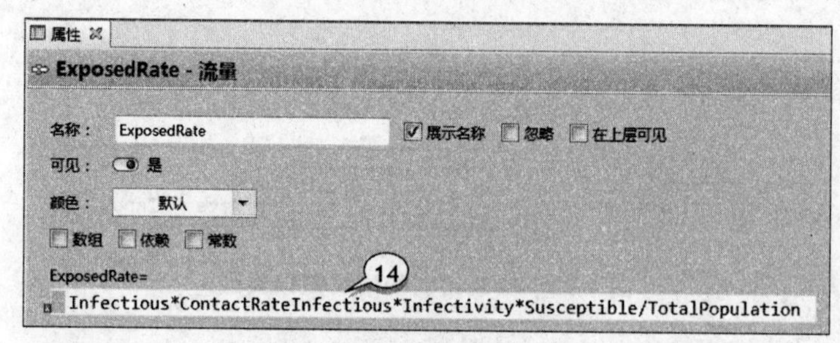

图 4-16 对流量定义公式

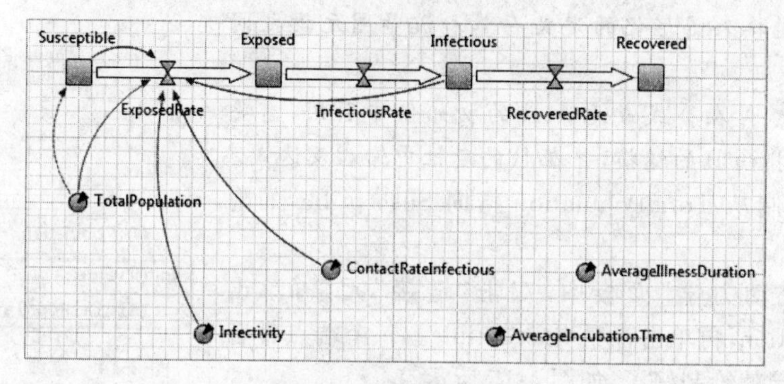

图 4-17 自动创建链接

(18) 绘制缺失的链接，存量和流量图如图 4-18 所示。

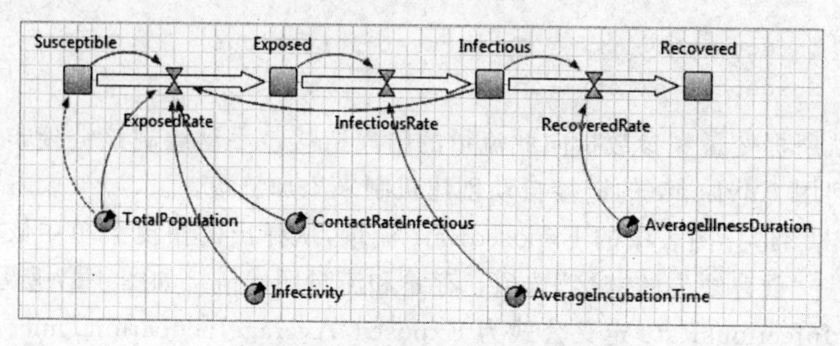

图 4-18 完成缺失链接的绘制

(19) 调整依赖性链接的外观。修改各个链接的弯曲角度如图 4-19 所示。要调整链接的弯曲角度,需选中该链接并拖动链接中部的控制点。

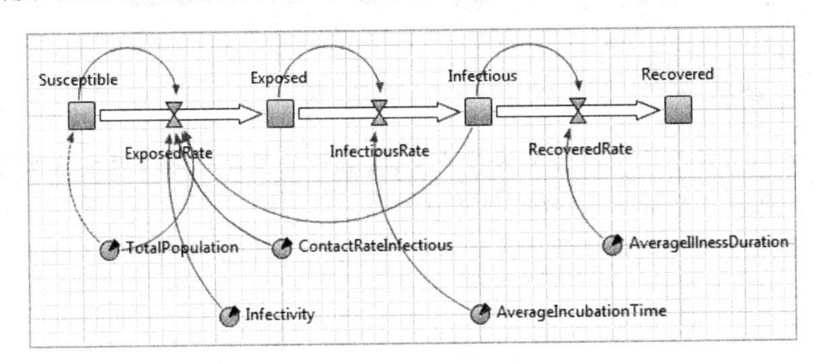

图 4-19 调整链接外观

(20) 运行模型并通过变量的观察窗口观察其动态特征。单击选中变量即可打开变量的观察窗口。如需调整窗口尺寸,拖曳窗口的右下角。

(21) 若要将观察窗口切换至绘图模式,单击其工具栏中最左侧的按钮,如图 4-20 所示。

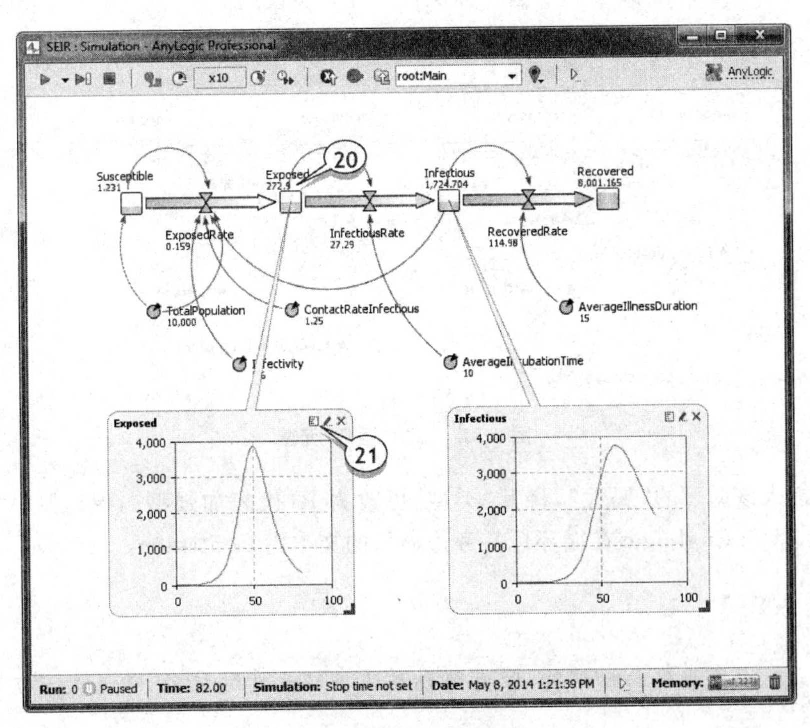

图 4-20 变量观察窗口

(22) 加快模型的执行速度,使仿真更快运行。

4.3 添加图表显示动态过程

【反馈循环:强化型和平衡型】

系统动力学研究系统中的因果依赖关系,共有强化型和平衡型两类反馈循环。

以下给出两类循环的区别(摘自维基百科)。

确定一个因果循环是强化型还是平衡型,需先提出假设,如"变量 N 增加",并且沿着循环进行观察。

循环是:

- 强化型:循环后,得到与初始假设相同的结果。
- 平衡型:所得结果否定了初始假设。

还可以使用另一个定义:

- 强化型:循环有偶数个负链接(包括零个)。
- 平衡型:循环有奇数个负链接。

下面在一个循环上添加一个循环标识符来进一步说明。

(1) 将"循环"元素从"系统动力学"面板中拖曳到图表中,如图 4-21 所示。

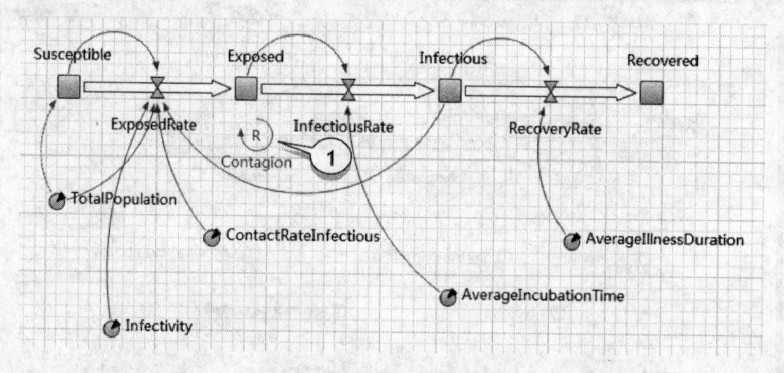

图 4-21 添加"循环"元素

(2) 进入该循环的"属性",将其"类型"更改为 R(代表加强型),保留默认方向设置"顺时针",指定 AnyLogic 在循环标签旁边显示的文本为 Contagion。

【循环标识符】

循环是一个图形化的标识符,带有简要描述循环意义的标签,以及显示循环方向的箭头。

与定义因果循环不同,循环标识符提供了存量和流量图变量相互影响的信息。通过添加循环,可使其他用户了解存量和流量图的影响和因果依赖关系。

Contagion 循环是强化型循环。Infectious 存量的增加会导致 ExposedRate 的增加,反过来导致 Exposed 存量增加。此循环中所有的链接都是正向的。

请查阅该存量和流量图中的其他循环，并明确其方向和类型。

下面对易感染者、染病者、传染者和痊愈者添加时间折线图。

将“时间折线图”从“分析”面板拖曳到图表中，扩展该时间折线图如图4-22所示。

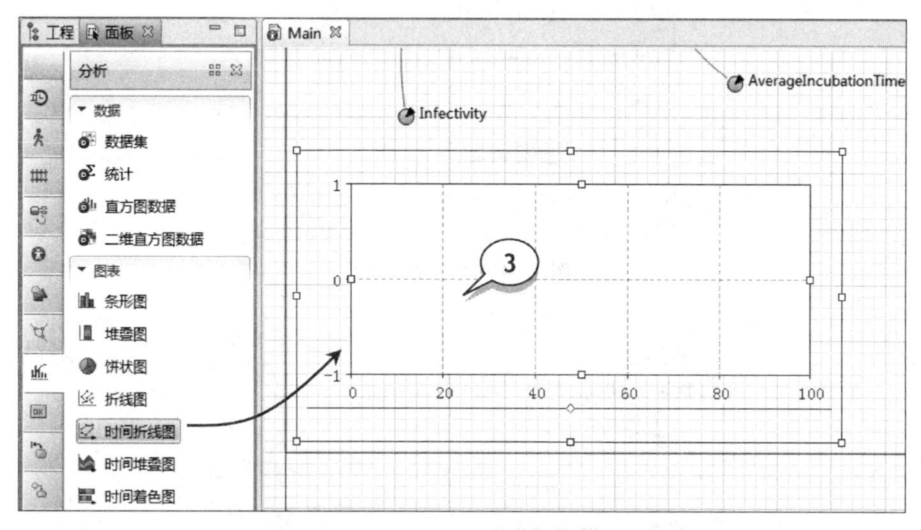

图4-22 添加时间折线图

(3) 在“时间折线图”的属性“视图”中，进入“数据”区域，单击按钮添加一个新的数据项，如图4-23所示。

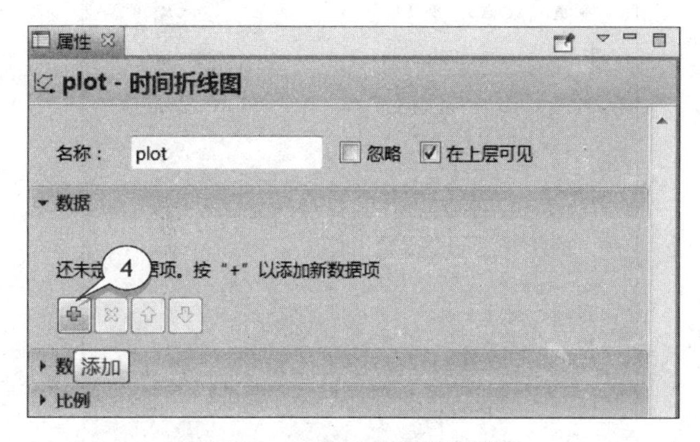

图4-23 设置时间折线图属性

(4) 修改属性中的数据项如图4-24所示

- 标题：Susceptible people——数据项的标题。
- 值：Susceptible(使用代码完成助手)。

(5) 按同样的方法，再添加三个数据项，显示存量Exposed、Infectious和Recovered的值，并分别设置其对应的“标题”，如图4-25所示。

(6) 最后一个模型已经完成。现在，运行模型，在添加的图表中观察其动态过程，如图4-26所示。

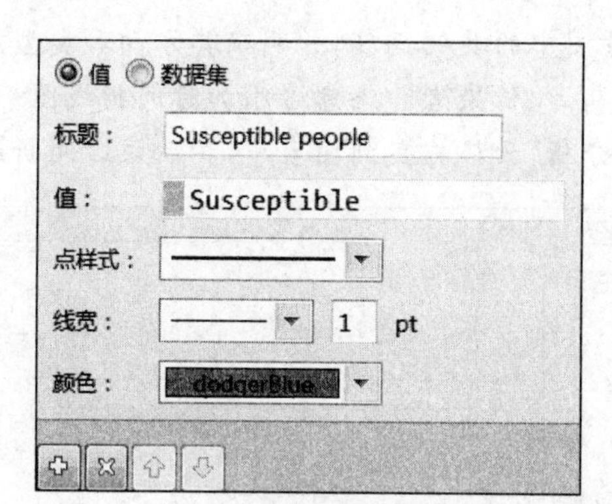

图 4-24　更改数据项

图 4-25　添加三个数据项

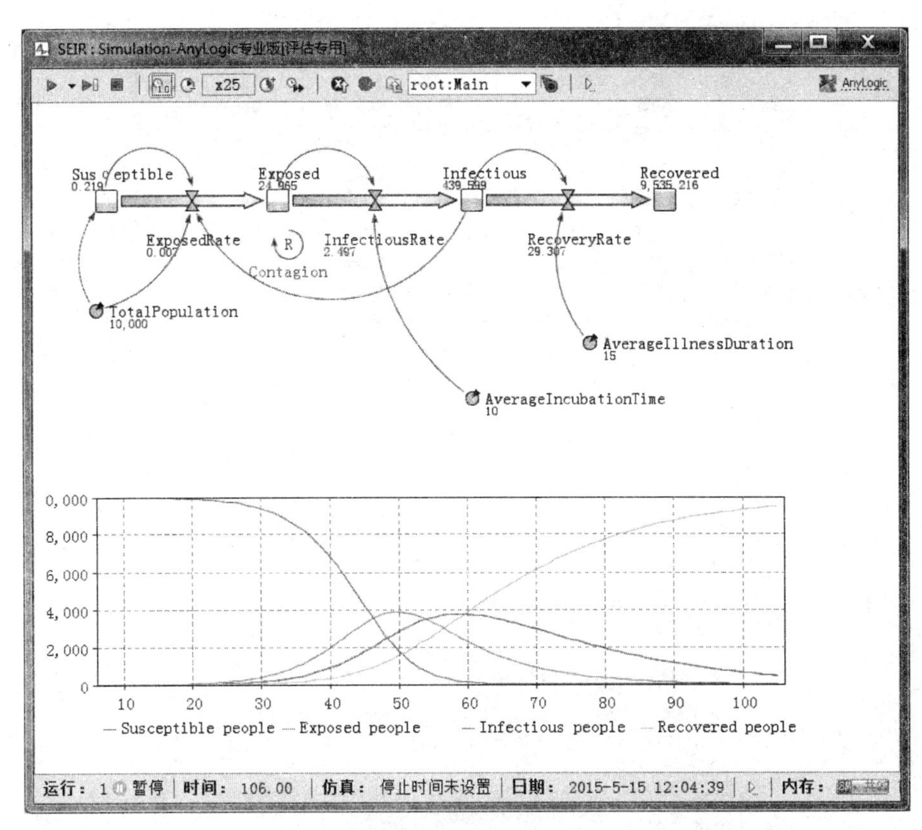

图 4-26 运行模型

4.4 参数变化实验

在此阶段，使用 AnyLogic 参数变化实验确定不同接触率对感染率的影响。

【参数变化实验】

参数变化实验允许用户创建复杂模型仿真，在一个或多个参数变化的条件下执行一系列单一模型运行。实验完成后，AnyLogic 将在单一图表中显示每次运行的结果，帮助用户更好地理解参数的变化对模型运行结果的影响。

若在固定参数值的条件下运行实验，可以实现随机模型中对随机因素影响的评估。

(1) 在模型中添加一个实验，右击“工程”树中方的模型项(SEIR)，选择“新建”→“实验”选项，如图 4-27 所示。

(2) 在“新建实验”向导的“名称”文本框，输入 ContactRateVariation。AnyLogic 将自动选择 Main 类智能体作为“最高层智能体”。

(3) 在“实验类型”列表框，单击“参数变化”实验后，单击“完成”按钮，如图 4-28 所示。

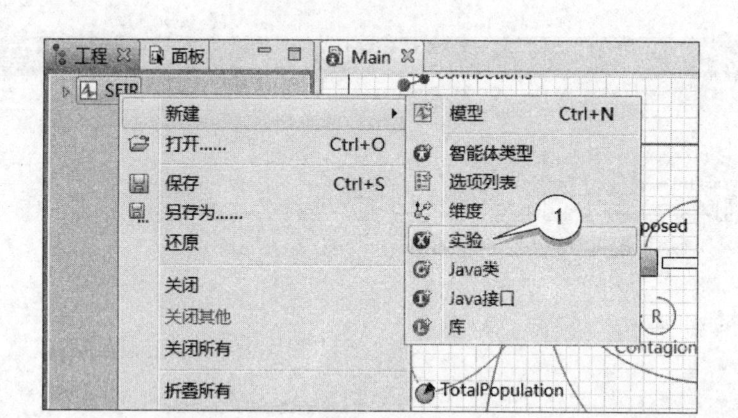

图 4-27 在模型中添加实验

图 4-28 “新建实验”向导

实验创建完成后，其图表和属性将自动打开。

(4) 在实验属性中，打开“参数”区域，显示实验的最高层智能体(在本示例模型中为 Main)的参数。

默认设置所有参数类型为固定。这些值在参数变化实验中不会改变，如图 4-29 所示。

(5) 为保证试验中接触率的变化，即表中的 ContactRateInfectious 参数的变化，将其“类型”更改为“范围”。

(6) 设置该参数的最小值和最大值，“最小”为 0.3，“最大”为 2，“步”为 0.1。

(7) 在“属性”区域，单击“创建默认用户界面”按钮，如图 4-30 所示。

在实验图表中将显示简单用户界面，如图 4-31 所示。

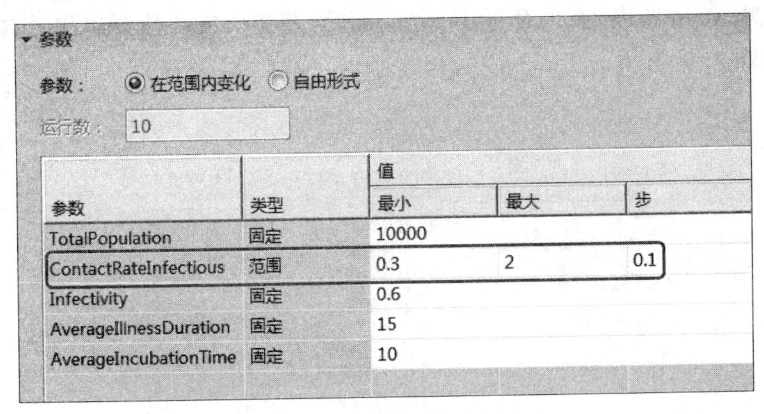

▾ 参数

参数： ◉ 在范围内变化 ○ 自由形式

运行数： 10

参数	类型	值		
		最小	最大	步
TotalPopulation	固定	10000		
ContactRateInfectious	范围	0.3	2	0.1
Infectivity	固定	0.6		
AverageIllnessDuration	固定	15		
AverageIncubationTime	固定	10		

图 4-29 实验属性中参数列表

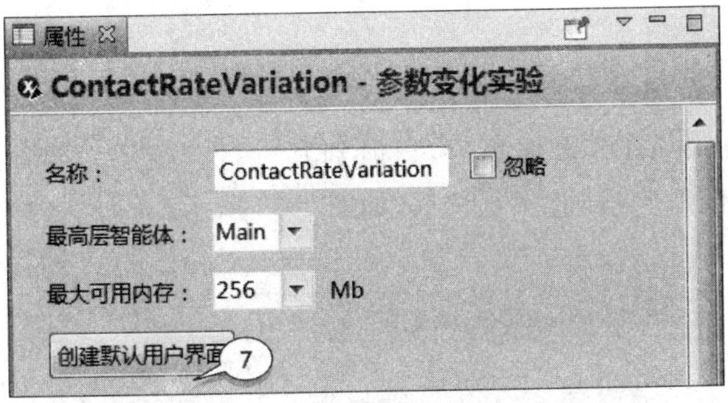

图 4-30 创建默认用户界面

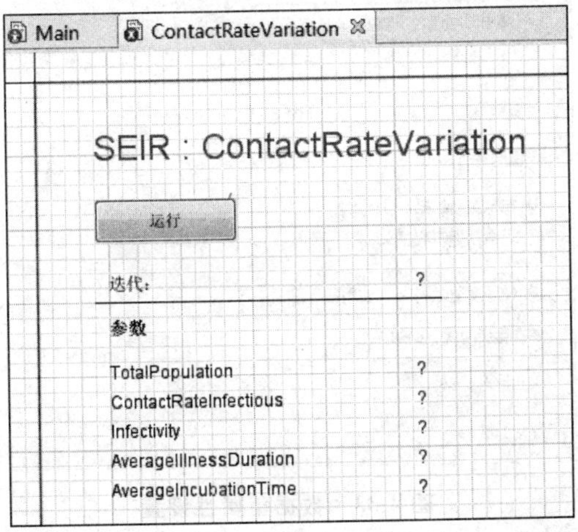

图 4-31 用户界面

(8) 为确保每次运行仿真恰好是 300 天，需将模型的生命期限制为 300 天。单击工程树中的 ContactRateVariation，打开其属性。在属性视图中，打开“模型时间”区域，从“停止”列表中选择“在指定时间停止”，在“停止时间”文本框中输入 300。

现在，添加一个时间折线图来显示实验结果。先要收集传染者人数。

(9) 打开 Main 图表，右击存量 Infectious 后，在弹出的快捷菜单中选择“创建数据集”选项，如图 4-32 所示。

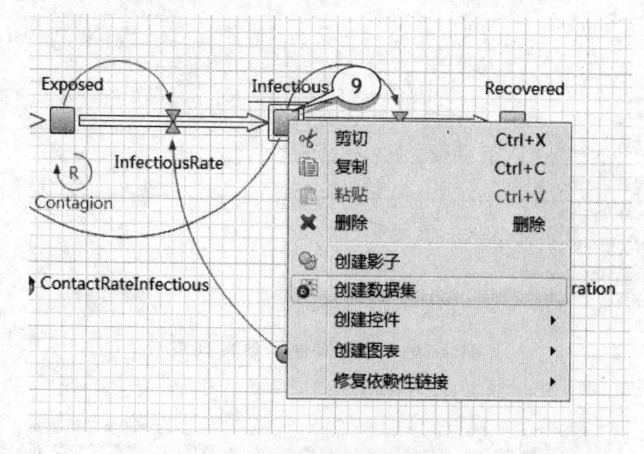

图 4-32 创建数据集

(10) 显示 InfectiousDS 数据集后，导航到其“属性”视图。要查看该传染病的动态性，需选中“使用时间作为横轴值”复选框，如图 4-33 所示。

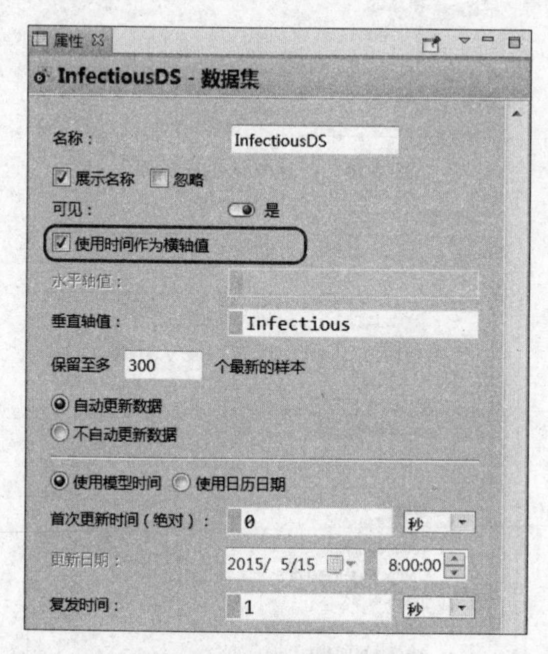

图 4-33 数据集属性设置

(11) 选择“自动更新数据”单选按钮，保留“复发时间”为 1 的默认设置，使其对每个模型生命期的一天添加一个数据样本到数据集中。

(12) 为获取整个模型运行的数据样本，设置数据集为“保留至多 300 个最新的采样”。

下面要添加一个图表到 ContactRateVariation 实验中，显示试验运行结果，如图 4-34 所示。

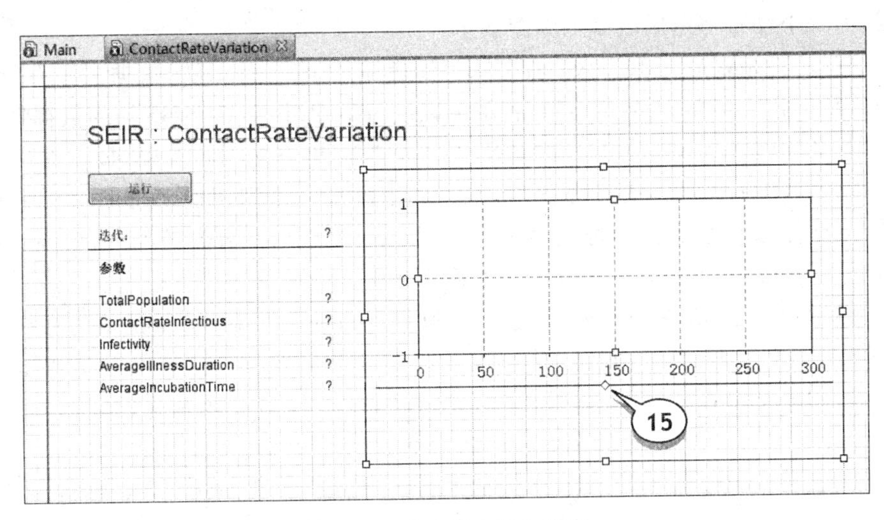

图 4-34 在实验中添加图表

(13) 打开 ContactRateVariation 图表，将“时间折线图”从“分析”面板中拖曳出来。

(14) 打开时间折线图的属性。在“比例”区，设置“时间窗”为 300“模型时间单位”，以保证时间折线图显示 300 模型时间单位。

(15) 向屏幕的顶部拖曳菱形图块，扩大时间折线图图例的可用区域。

时间折线图的曲线显示每次模型运行的结果：在数据集 InfectiousDS 收集的接触率作用下的疾病传播历史。

(16) 单击工程树中的 ContactRateVariation，打开其属性，通过导航到“Java 行动”区，并在“仿真运行后”文本框中输入下列代码，将数据添加到时间折线图中，如图 4-35 所示。

```
plot.addDataSet(root.InfectiousDS,
"CR="+format(root.ContactRateInfectious));
```

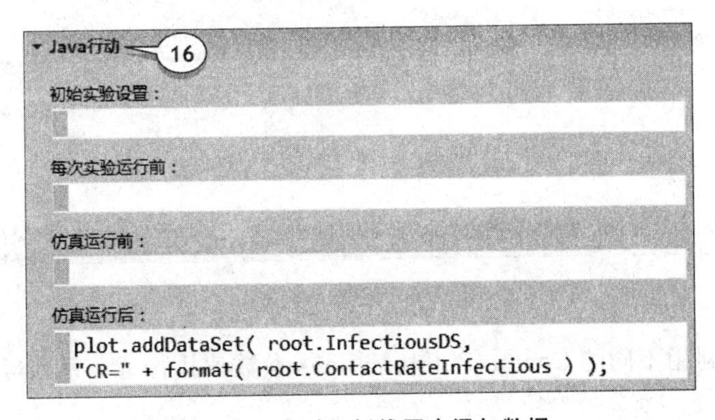

图 4-35 在时间折线图中添加数据

若要“时间折线图”显示多条曲线，每条曲线对应每次仿真运行，不能直接将数据从每次仿真运行添加到时间折线图的“数据”属性中。每次模型运行破坏最高层智能体及其数据，需要手动将每条曲线添加到图表中。

在每次仿真结束后，AnyLogic 在 Main 智能体的 InfectiousDS 数据集中存储数据。实验的最高层智能体作为 root 访问，表示可以通过 root. InfectiousDS 访问数据集。

利用 addDataset(root. InfectiousDS)将一个数据集添加到图表中，显示默认外观和标题 Dataset Title。然而，要实现在 AnyLogic 中添加一系列图例来帮助用户识别时间折线图中的各条曲线，这就是使用另一个 addDataSet( ) 函数符号的原因，该函数 addDataSet(DataSet ds, String title)带有两个参数。

利用 CR=标题(其中，CR 表示接触率)和 ContactRateInfectious 的值为数据集创建一个图例。由于模型的最高层(根)智能体定义了这个参数，通过 root. ContactRateInfectious 访问其值，并利用 format(double value)函数来控制 AnyLogic 将值转换为文本。例如，让图表的图例将运算如 0.30001 显示为舍入值。

(17) 打开 ContactRateVariation 实验属性的“高级”区域，取消“允许并行评估”复选框的选择。

(18) 运行实验，使用图表观察从多个仿真运行中收集数据。在工具栏的运行列表中，选择 SEIR/ContactRateVariation 项。

(19) 在演示窗口，单击“运行”，如图 4-36 所示。

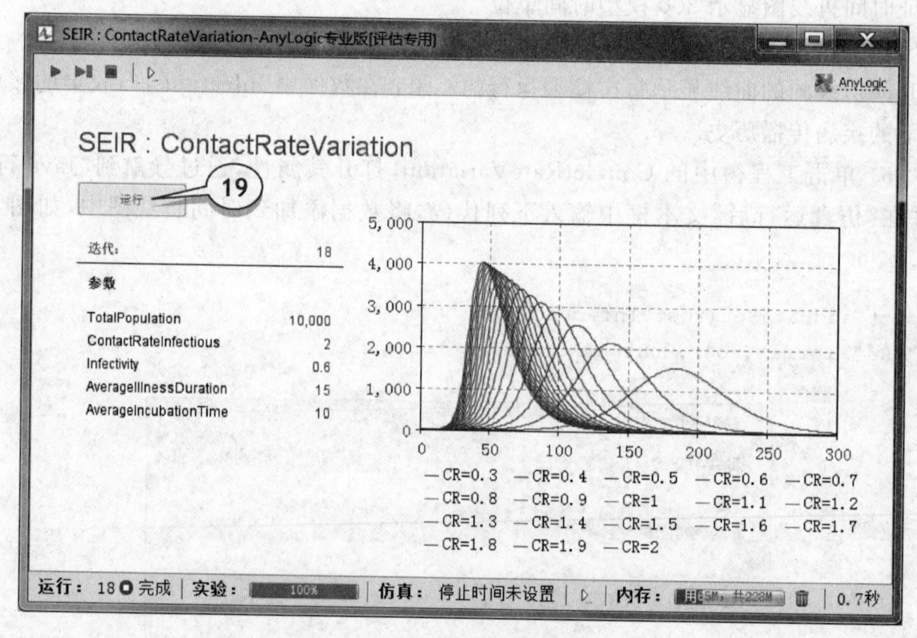

图 4-36 实验演示窗口

AnyLogic 利用不同的 ContactRateInfectious 参数值执行了一系列运行，并将仿真结果输出到图表中。

回顾参数变化实验，可以看到接触率的增加如何使传染扩散得更快。时间折线图中显示 18 次迭代，即显示接触率在 0.3～2 之间变化的 18 个传染场景，代表已定义参数变化范围内的 18 步。单击图例中的某个接触率值(CR)可高亮显示其对应的曲线。

4.5 校准试验

在此阶段，要对本示例模型中的参数进行调整，使其行为与已知(观察)模型相匹配。

由于不能直接测量 Infectivity 和 ContactRateInfectious 两个参数，需要在使用模型之前确定它们的值。实现该目标的最佳方法是使用“校准”，标准是一个通过使用类似事件的历史数据和已调整的参数值来帮助模型重建历史数据的方法。

【校准实验】

- 校准实验使用软件内置的 OptQuest 优化程序查找与给定数据最佳匹配仿真输出相对应的模型参数值。
- 校准实验迭代地运行模型，对模型输出和历史模型进行比较，进而更改参数值。在一系列运行之后，实验将确定哪个参数值产生的结果与历史模型最佳匹配。

从添加历史数据开始，在本示例模型中，历史数据是随时间变化的传染者人数。虽然数据样本存储在表格的文本文件中，AnyLogic 表函数允许用户利用这些数据来建立曲线。

【表函数】

- 表函数是表格中定义的函数。用户通过提供一些“对”(参数和值)定义函数，AnyLogic 利用数据的组合及所选的差值类型来建立表函数。函数调用一个值为函数参数，返回一个(大概的，内插的)函数值。
- 建模中可能要用表函数定义一个不能用标准函数构成的复杂非线性关系，或把定义为表函数的实验数据取为连续模式。

(1) 打开 Main 图表，从“系统动力学”面板中添加一个“表函数”，并将其命名为 InfectiousHistory。

(2) 从 AnyLogic folder/resources/AnyLogic in 3 days/SEIR 中打开 HistoricData.txt 文件。AnyLogic folder 位于 AnyLogic 在计算机上的安装目录，如 Program Files/AnyLogic 7 Professional。

(3) 将该文件夹的内容复制到剪贴板，进入表函数属性的“表数据”区，单击从剪贴板粘贴按钮，“参数”和“值”列会自动更新，如图 4-37 所示。

(4) 可通过表函数属性中的“预览”区预览通过表函数构建的曲线，如图 4-38 所示。

(5) 将“超出范围”选项设置为“最近”，以保证函数参数超出“表数据”模型坐标定义的 300 后，函数能够正确的处理参数。

使用“最近”选项以保证最近的有效参数外插函数。这表示对参数范围左侧的所有参数，函数将其取值为范围内最左边参数点的值；相反地，对参数范围外右侧的所有参数，函数将对其取范围内最右边参数点的值。该预览图反映了当前的内插法和外插法。

下面准备创建实验。

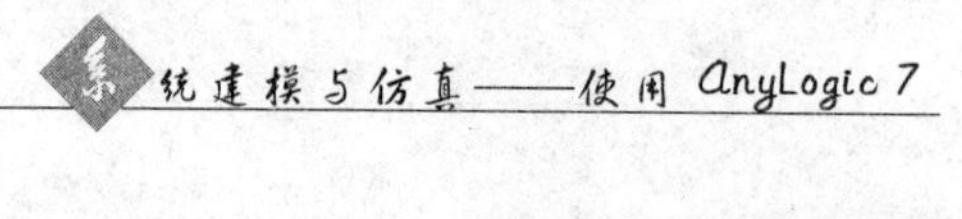

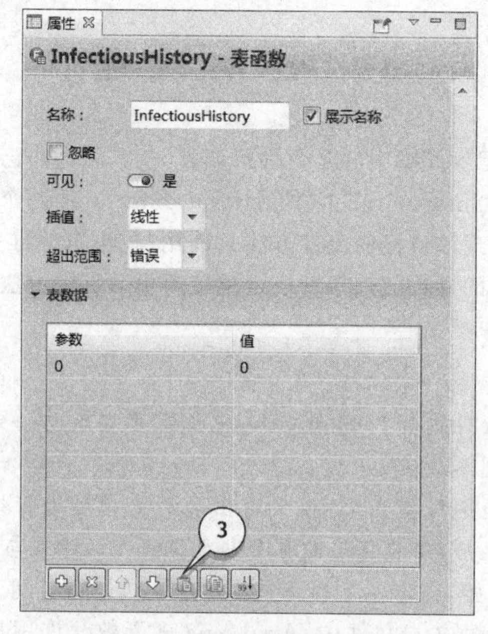

图 4-37　在表函数中插入数据

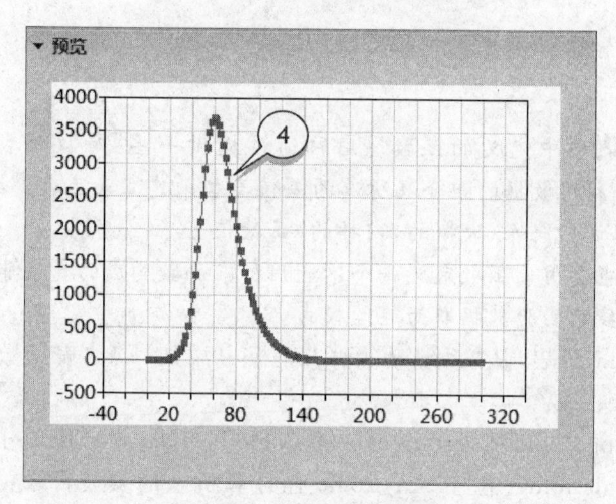

图 4-38　预览构建的曲线

(6) 右击工程树中的模型项(SEIR)，在弹出的快捷菜单中选择“新建”→“实验”选项。在“新建实验”向导中，选择“实验类型”为“校准”，单击“下一步”按钮。然后，使用向导对参数进行设置。

(7) 将希望校准参数(Infectivity 和 ContactRateInfectious)的类型从“固定”更改为“连续”，如图 4-39 所示。

(8) 在“标准”表中，输入下列信息，如图 4-40 所示。

- 标题：Infectious curve match。
- 匹配：数据序列。
- 仿真输出：root. InfectiousDS。

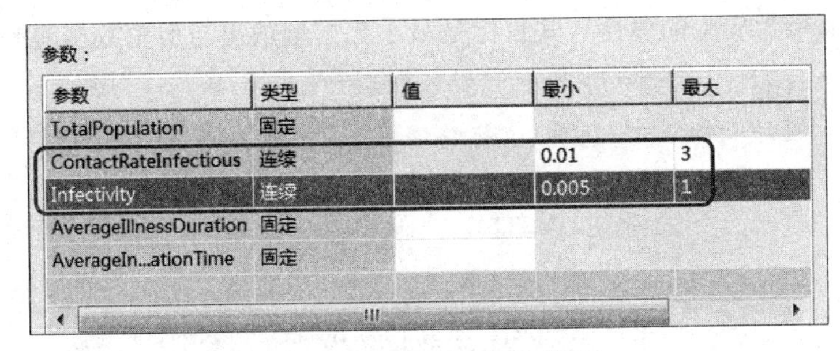

图 4-39　设置参数取值范围

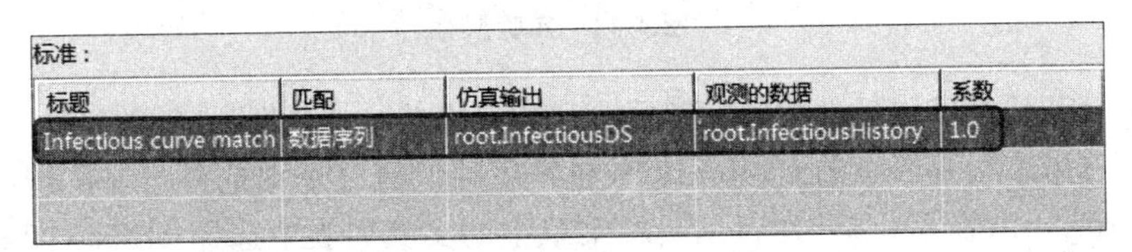

图 4-40　在标准表中输入信息

• 观测的数据：root. InfectiousHistory。
• 系数：1.0。

最高层智能体 Main 这里作为 root 可用。使用数据集 InfectiousDS 保留仿真运行结束时的模型输出，并将其与来自 InfectiousHistory 表函数的历史数据进行比较。

本示例模型只有一个标准，若模型中存在若干标准，可以使用系数。

(9) 单击“完成”按钮。校准实验图表将显示在配置的用户界面，如图 4-41 所示。

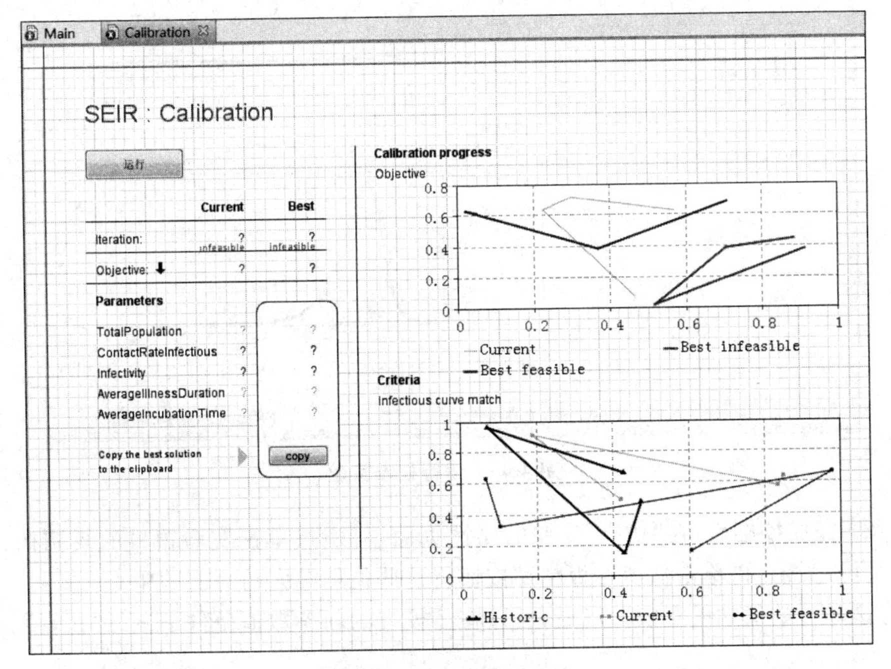

图 4-41　校准实验图表

图 4-42 所示为实验的属性。其目标是最小化模型输出与历史数据间的差异。

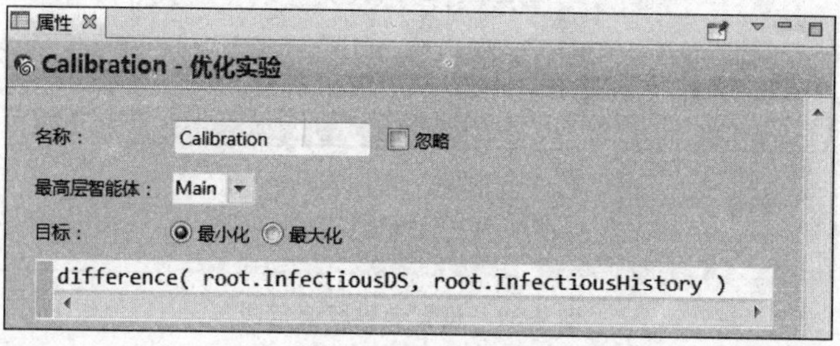

属性
Calibration - 优化实验
名称： Calibration 忽略
最高层智能体： Main
目标： 最小化 最大化
difference(root.InfectiousDS, root.InfectiousHistory)

图 4-42　实验属性

(10) 打开校准实验属性的“高级”区，取消“允许并行评估”复选框的选择。

(11) 右击工程视图中的 Calibration，在弹出的快捷菜单中选择“运行”选项，运行校准实验，如图 4-43 所示；或从运行工具栏菜单中的实验列表中选择 SEIR/Calibration 来运行模型。

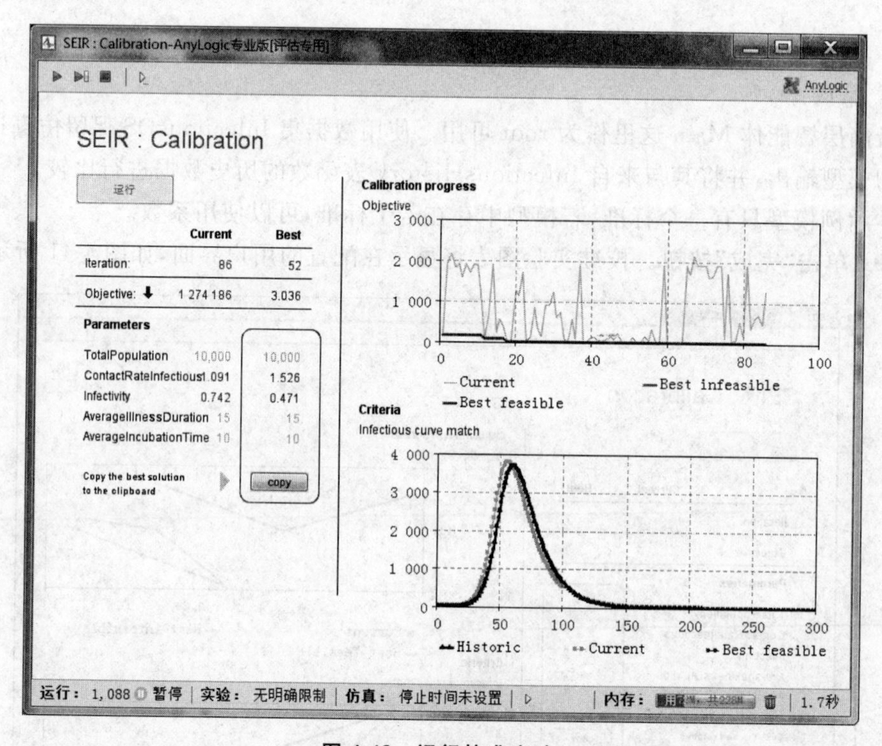

图 4-43　运行校准实验

(12) 完成校准后，在“仿真”实验的属性页面，可通过单击实验窗口的复制按钮复制最优拟合参数值，再单击从剪贴板粘贴按钮将这些值粘贴到仿真实验中。

将这些参数值粘贴到实验以后，可以在已校准的新参数值条件下运行“仿真”。

第 5 章 chapter 5

AnyLogic 离散事件建模

1961 年由 IBM 工程师 Geoffrey Gordon 发明的 GPSS 软件，是公认的第一款离散事件建模软件。时至今日，包括新版 GPSS 在内的许多软件，都能实现离散事件模型的构建。

注意：离散事件建模的思路是将建模的系统视为一个流程，即对实体进行一系列的操作。

离散事件模型的主要操作包括延时、各种资源服务、流程分支的选择、分离等。只要智能体对有限资源进行竞争，并导致时间延迟，其队列将成为几乎所有离散事件模型的一部分。

离散事件模型可被图形化地描述为一个流程流图，其中的各个模块表示各种操作。流程流图通常以 Source 模块开始，Source 模块产生智能体并将其放置到流程之中，智能体经过各个流程后最终进入 Sink 模块，并从模型中消失。

智能体最初在 GPSS 软件中被称为事物，在其他仿真软件中被称为实体。智能体可以表示客户、病人、来电、纸板或电子文档、部件、产品、托盘、计算机进程、车辆、任务、工程、想法等。资源可以表示职员、医生、操作员、工人、服务器、处理器、计算机存储器、设备、运输等。

服务时间和智能体到达时间通常是随机的，由于其时间通常取自概率分布，从而使离散事件模型具有一定的随机性。简而言之，表示离散事件模型在生成有意义的输出之前，必须运行一段指定的时间或完成指定数量的复制。

典型的离散事件模型输出包括：

- 资源利用率；
- 智能体在全部或部分系统中的停留时间；
- 等待时间；
- 队列长度；
- 系统吞吐量；
- 瓶颈。

5.1 加工车间模型

创建一个模拟小加工车间生产和运输流程的离散事件模型，转送到接收平台的原材料放置在存储区，直到将其送至数控机床中处理。

5.2 创建一个简单模型

首先，创建一个简单的模型模拟托盘到达加工车间、存储于装运台及到达叉车区域。

(1) 创建一个新的模型。在“新模型”向导中，将“模型名称”设置为 Job Shop，“模型时间单位”设置为“分钟”。

(2) 打开“演示”面板。面板中有若干图形可供选择用于绘制模型动画，包括矩形、直线、椭圆、折线和曲线等。

(3) 在“演示”面板中，选择“图像”图形，并将其拖曳到 Main 图表中。可以利用“图像”图形将若干图形格式的图像，包括 PNG、JPEG、GIF 和 BMP 等，添加到模型的演示中，如图 5-1 所示。

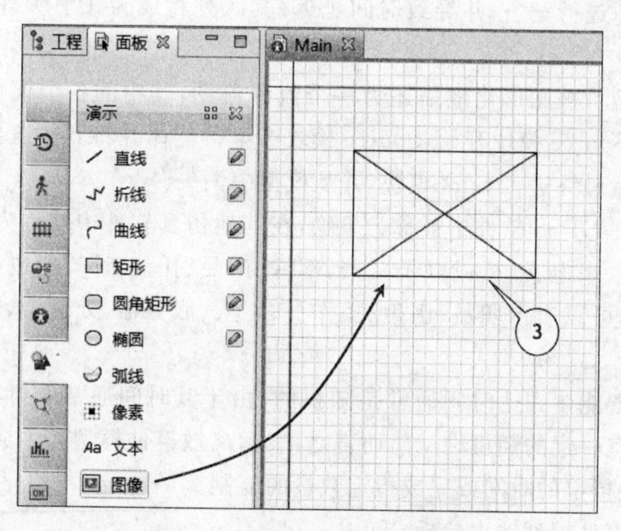

图 5-1 在 Main 图表中添加图像

(4) 将显示提示用户选择图像文件的对话框。

(5) 浏览下列文件夹，选择图像 layout. png：

```
AnyLogic folder/resources/AnyLogic in 3 days/Job Shop
```

选择 layout. png 图像后，Main 智能体类图表中的显示内容如图 5-2 所示。

AnyLogic 按照图像的原尺寸将其添加到 Main 图表中，但用户可以调整图像的宽度或长度。在图 5-3 中，扭曲了图像的比例，可通过打开“属性”视图，单击“重置到原始大小”按钮来恢复图片的原尺寸。

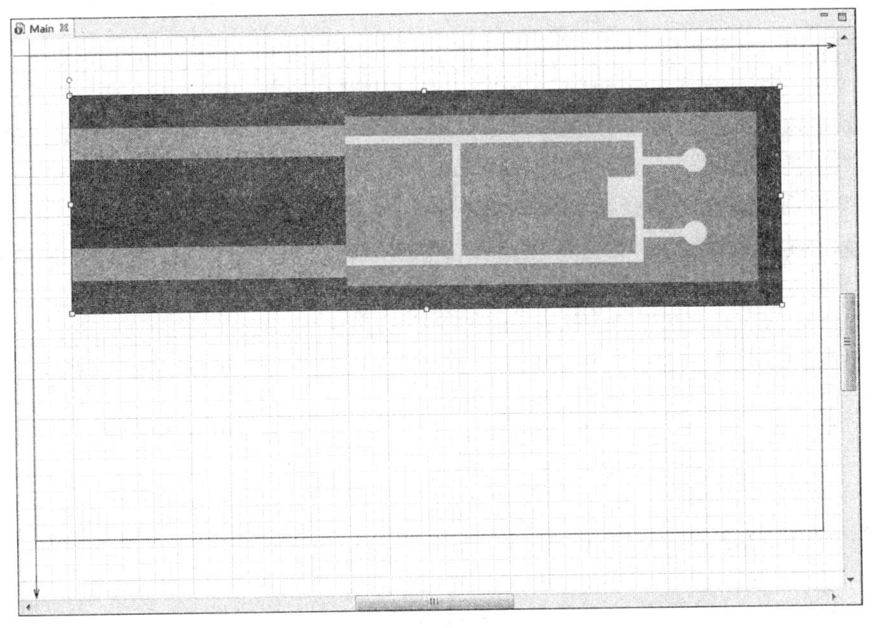

图 5-2 添加图像后的显示

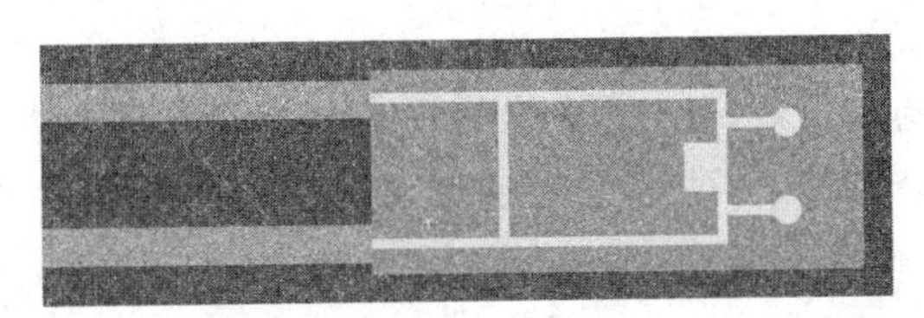

图 5-3 图像比例失衡

(6) 在图形化编辑器中选中图像。在"属性"视图中,选择"锁定"复选框以锁定该图像,如图 5-4 所示。

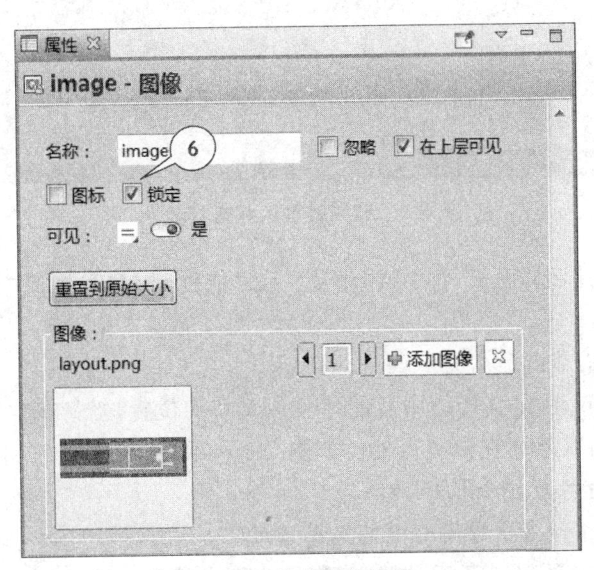

图 5-4 锁定图像设置

【锁定图形】

- 锁定图形可以保证在单击该图形时，该图形不会作出响应，且在图形化编辑器中，不能选中该图形。该功能对于以此图形为布局，在其上面绘制表示如工厂或医院等其他设施布局的情况非常实用。
- 若需要解锁该图形，在图形化编辑器中右击，从弹出的快捷菜单中选择“解锁所有图形”选项即可。

【空间标记元素】

下一步要将空间标记面板中的空间标记图形放置在加工车间的布局上。该面板包括一个“路径”元素，三个“节点”元素、一个“吸引子”元素和一个“托盘货架”图形。

【创建一个网络】

路径和节点还定义智能体位置的空间标记元素：

- 节点是智能体驻留或执行一个操作的位置；
- 路径是智能体在节点之间运动的路线。

节点和路径共同构成网络，模型中的智能体可以利用该网络在其源节点和目的节点之间沿着最短路径运动。通常，若模型进程发生在一个特定的物理空间，且其具有运动的智能体和资源，可以创建一个网络。假设网络中有无限的容量且智能体之间不会相互干扰。在网络及其元件已知的情况下，创建一个网络来定义模型托盘的运动路径。第一步是在加工车间布局上使用矩形节点定义特定区域。

如图 5-5 所示，在加工车间的入口绘制矩形节点，表示模型中的托盘接收台。

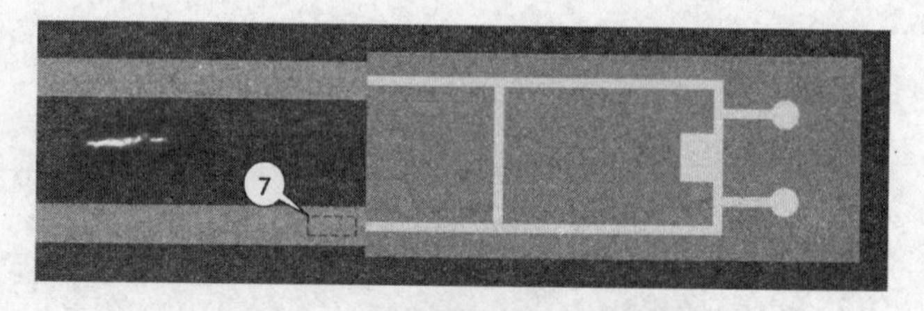

图 5-5　绘制模型的托盘接收台

(7) 打开“空间标记”面板，将“矩形节点”元素拖曳到 Main 图表中，并调整该节点的尺寸。

(8) 将所创建的节点命名为 receivingDock。

(9) 绘制一个节点，定义模型中智能体停放叉车的位置，当叉车空闲或智能体不需要它们完成任务时，将其停放在该节点处。如图 5-6 所示，使用另一个“矩形节点”绘制停放区域，并将该节点命名为 forkliftParking。

绘制一条运动路径来指导模型中的叉车运动。

(10) 按如下操作绘制一条运动路径，指导模型中的叉车运动。

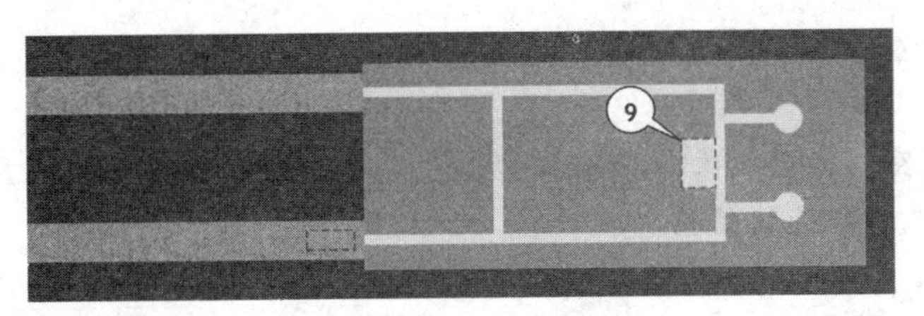

图 5-6　绘制叉车停放区域

① 在“空间标记”面板中，双击“路径”元素激活其绘制模式。

② 如图 5-7 所示绘制路径，首先单击 receivingDock 边框；然后，将鼠标移动到图表中，单击添加路径的转折点；最后，单击 forkliftParking 节点的边框。

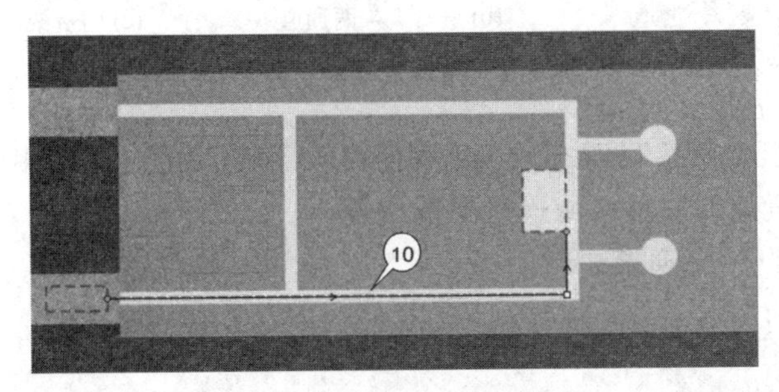

图 5-7　绘制叉车运动路径

若连接节点成功，则在每次选择该路径时，路径连接点的颜色将变成高亮的蓝绿色。

在 AnyLogic 7 中，默认路径是双向的。然而，通过取消“双向”属性选择并定义运动方向，可以限制智能体在所选路径上的运动。选择一条路径，查看其图形化编辑器中显示的箭头方向，可以查看给定路线的方向。

(11) 定义模型的仓库存储。将“托盘货架”元素从“空间标记”面板中拖曳到布局图形，将其放置在路径的通道上，如图 5-8 所示。正确的放置托盘货架显示为高亮的绿色，表示托盘货架已连接到网络。

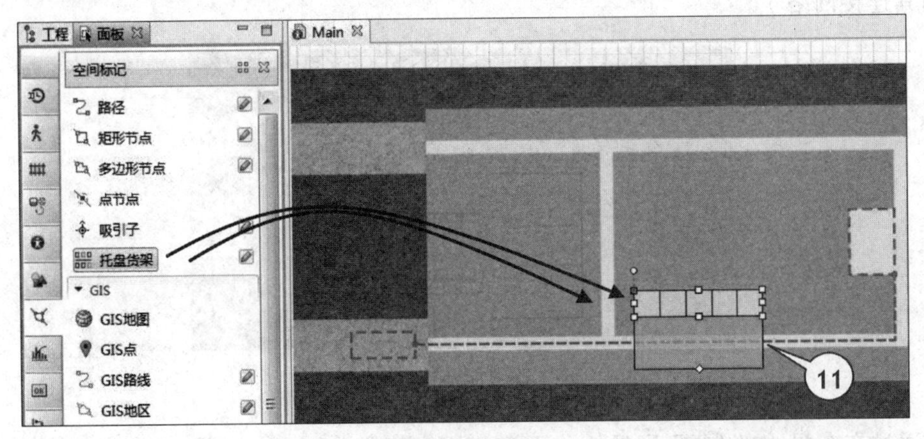

图 5-8　添加托盘货架

【托盘货架】

“托盘货架”空间标记元素图形化表示了仓库和存储区常用到的托盘货架。如图5-9所示，该元素有三种可选的结构。

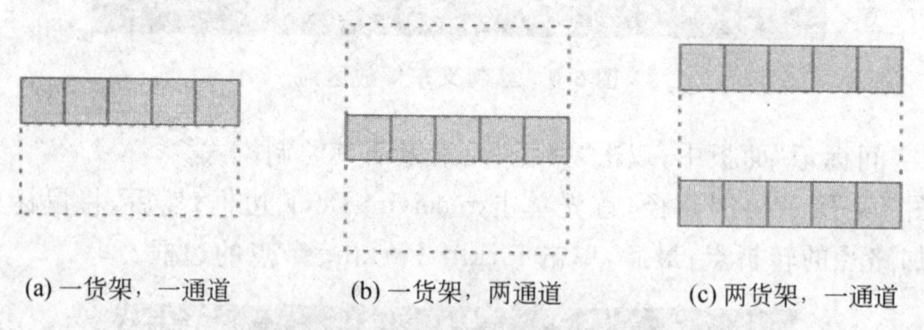

图 5-9 托盘货架的三种结构

在运行期间，“托盘货架”元素管理模型存储在通道侧可用的单层或多层单元中的智能体。

(12) 在托盘货架的属性区域进行如下设置：

① 类型：两货架，一通道。

② 单元格数为10。

③ 层高为50。

在位置和大小区域：

④ 长度为160。

⑤ 左侧托盘货架深度为14。

⑥ 右侧托盘货架深度为14。

⑦ 通道宽度为11。

(13) 完成这些设置后，所建托盘货架应如图5-10所示。根据需要，移动该托盘货架，使其通道位于路径上。两次单击该托盘货架选中它，确保其链接到网络。第一次单击鼠标会选择整个网络，第二次单击鼠标会选择托盘货架。托盘货架应绿色高亮显示，表明其连接网络了。

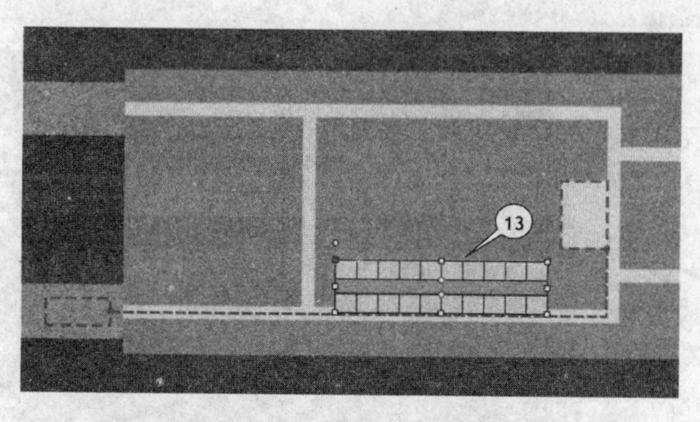

图 5-10 所建托盘货架

通过在布局上绘制了重要的位置和路径，完成模型空间的标记。接下来将使用AnyLogic流程模型库创建流程模型。

【流程建模库】

AnyLogic 流程模型库中的模块允许用户使用智能体、资源和流程的组合创建真实世界系统中以流程为中心的模型。在本阶段前面已经介绍了智能体和资源的相关内容，下面将以此为基础，将流程定义为包括队列、延时和资源利用在内的操作序列。

模型的流程通过流图定义，利用流程建模库中的模块创建，并进行图形化的流图演示。在下面的步骤中，将创建流程流图。

将 Source 模块从流程建模库中拖曳到图形化图表中，并将该模块命名为 sourcePallets，如图 5-11 所示。Source 模块通常用作一个流程的起始点，在本示例模型中，将用其生成托盘。

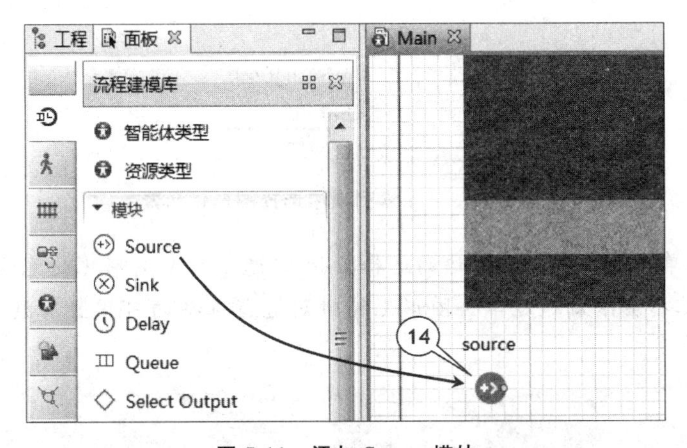

图 5-11 添加 Source 模块

(14) 在 sourcePallets 模块的“属性”区域，进行如下设置，保证模型中的托盘 5 分钟到达一次，并出现在 receivingDock 节点，如图 5-12 所示。

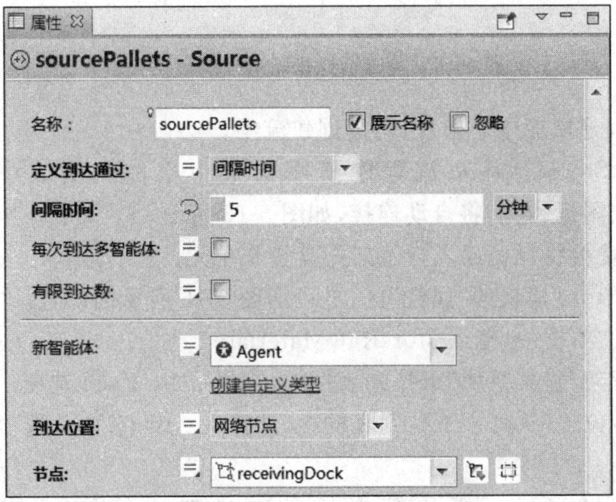

属性
sourcePallets - Source
名称：sourcePallets ☑展示名称 ☐忽略
定义到达通过：间隔时间
间隔时间：5 分钟
每次到达多智能体：
有限到达数：
新智能体：Agent
创建自定义类型
到达位置：网络节点
节点：receivingDock

图 5-12 设置 Source 模型属性

① 在“定义到达通过”下拉列表框中，选择“间隔时间”选项。

② 在“间隔时间”文本框中，输入5，并从右侧的下拉列表框中选择“分钟”选项，使托盘每5分钟到达一次。

③ 在“到达位置”下拉列表框中选择“网络节点”选项。

④ 在“节点”下拉列表框选择 receivingDock 选项。

【如何从模块的参数中引用模型元素】

模块的参数提供了两种选择图形化元素的方式：

- 可以从显示在参数旁边的可用且有效的元素列表中选择图形化元素，如图5-13所示。

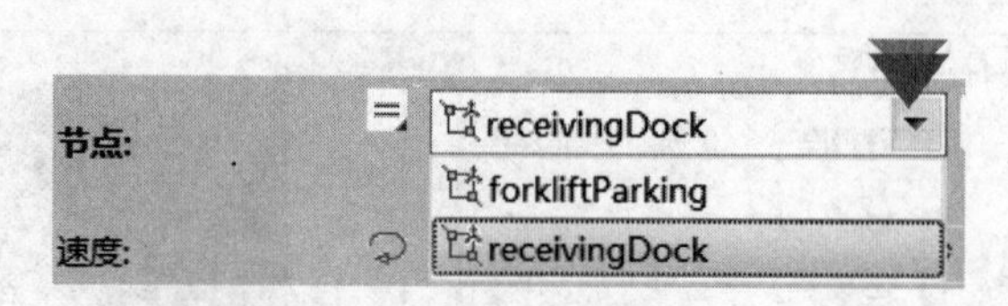

图5-13　从元素列表中选择图形化元素

- 还可以单击显示在列表旁边的选择按钮选择一个图形化的元素。若单击该选择按钮，将会限制通过单击图形化编辑器进行选择的可用且有效的元素选择，如图5-14所示。

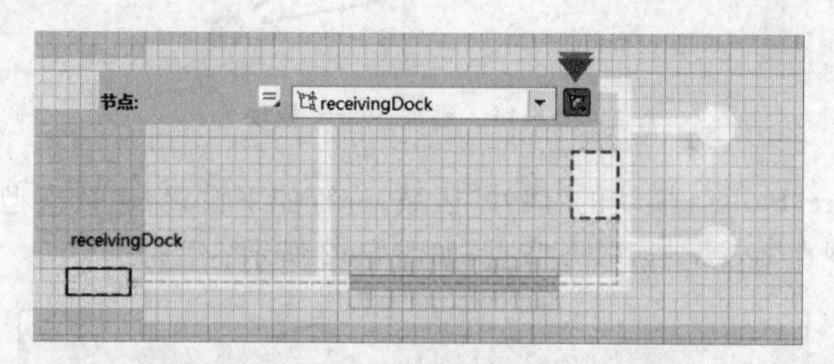

图5-14　单击选择按钮选择图形化元素

添加其他流程建模库中的模块，继续创建流图。

(15) 将 rackStore 模块从流程建模库面板中拖曳到图表中，并将其放置在 sourcePallets 模块附近，它们将自动连接，如图5-15所示。

rackStore 模块会将托盘放入指定的托盘货架单元。

(16) 在 rackStore 模块的“属性”区，进行如图5-16所示的设置。

① 在“名称”文本框中，输入 storeRawMaterial。

② 在“托盘货架/货架系统”下拉列表框中，选择 palletRack 选项。

③ 在“智能体位置(队列)”下拉列表框中，选择 receivingDock 选项，指定智能体等待存储的位置。

(17) 添加一个 Delay 模块模拟托盘在货架中等待，并将该模块命名为 rawMaterialInStorage，如图5-17所示。

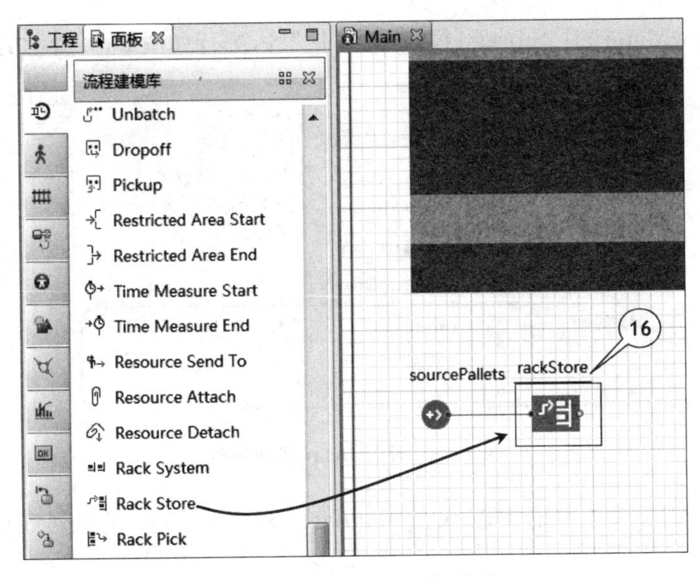

图 5-15 添加 rackStore 模块

图 5-16 设置 rackStore 模块属性

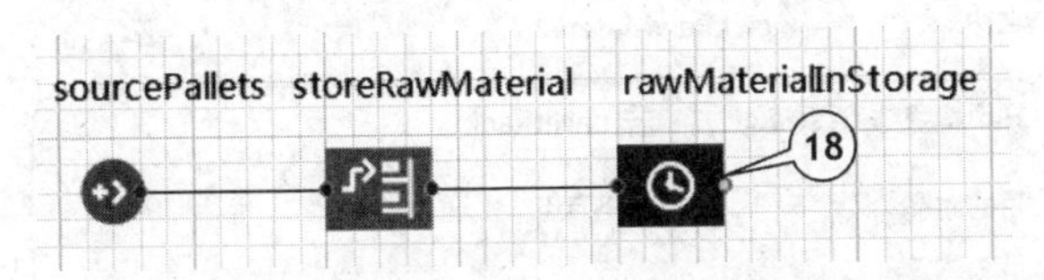

图 5-17 添加 Delay 模块

AnyLogic 会自动将模块的右端口连接链接到下一个模块的左端口。流程建模库中的每个模块都有一个左输入端口和一个右输出端口，但用户应该只连接输入端口和输出端口。

(18) 在 rawMaterialInStorage 模块的“属性”区,进行如图 5-18 所示的设置。

图 5-18 设置 Delay 模块属性

① 在“延迟时间”文本框中输入 triangular(15, 20, 30),并从列表中选择“分钟”选项。

② 选中“最大容量”复选框,保证智能体在存储区等待被装载时不会卡住。

(19) 添加一个 rackPick 模块,将其连接到流图中,并将其命名为 pickRawMateria,如图 5-19 所示。

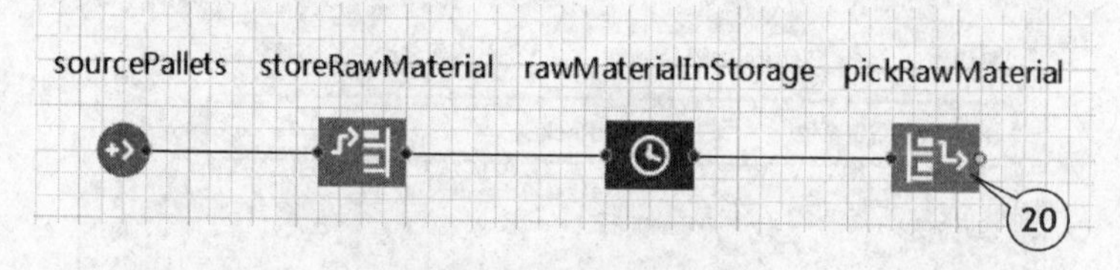

图 5-19 添加 rackPick 模块

在本示例模型中,rackPick 模块将托盘从单元货架的一个单元中移动到指定的目的地。

(20) 在 pickRawMaterial 模块的“属性”区,进行如图 5-20 所示的设置。

图 5-20 设置 rackPick 模块属性

① 在“托盘货架/货架系统”下拉列表框中,选择 palletRack 选项,将提供智能体托盘的托盘货架。

② 在“节点”下拉列表框中，选择 forkliftParking 选项，指定智能体停放叉车的位置。

(21) 添加一个 Sink 模块，如图 5-21 所示。Sink 模块处理智能体，通常为流图的终点。

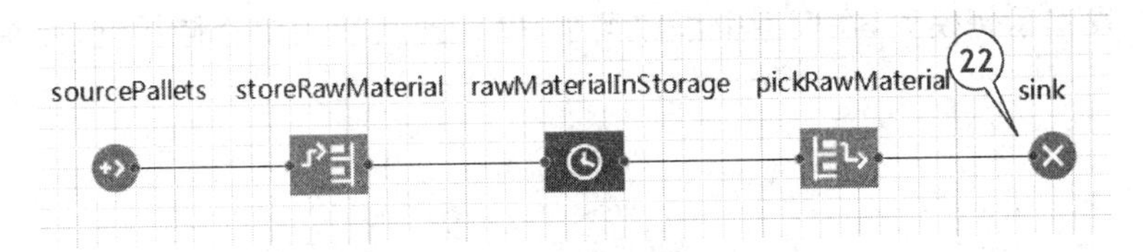

图 5-21 添加 Sink 模块属性

(22) 该简单模型创建完成，运行并观察模型。运行模型，结果如图 5-22 所示。

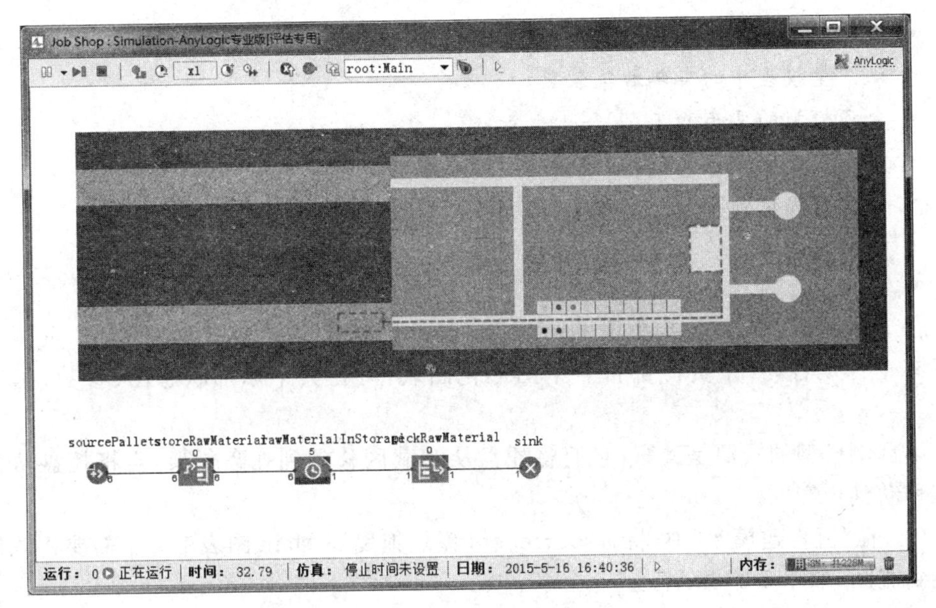

图 5-22 运行模型

若出现“离散事件执行时出现异常”对话框，如图 5-23 所示，需将托盘货架连接到网络。应在图形化编辑器中选择托盘货架图形，移动托盘货架直到其通道显示为高亮的绿色，此时表明托盘货架已连接到网络，然后重新运行模型。

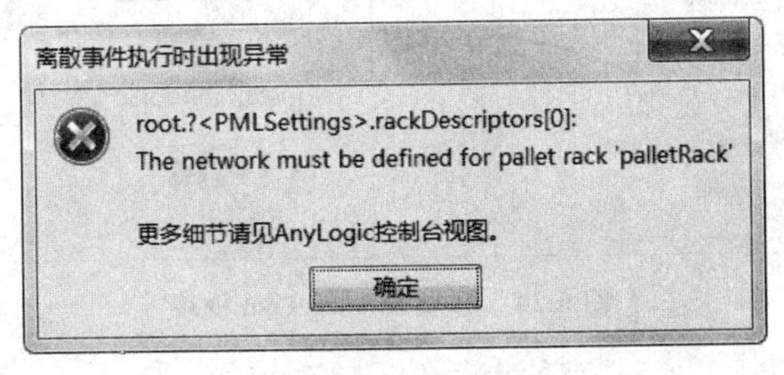

图 5-23 离散事件执行时出现异常显示

5.3 添加资源

继续开发本示例模型，在模型中添加叉车，以在托盘货架中存储托盘，并将其移动到生产区。

【资源】

资源是智能体用来执行指定行动的对象。智能体必须获取资源，执行相应行动后再释放资源。

资源的一些示例包括：

- 医院模型中的医生、护士、设备和轮椅；
- 供应量模型中的车辆和集装箱；
- 仓库模型的叉车和工人。

AnyLogic 中有静态、移动和可携带三种类型的资源。

- 静态资源被绑定在一个指定的位置，它们不能移动或被移动；
- 移动资源可以独立移动；
- 可携带资源可以被智能体或移动的资源移动。

在 AnyLogic 中，流程模型库的 resourcePool 模块定义了资源池或集合。资源单元可以有个体属性，每个资源都带一个图形化图表，可在其中添加状态图、参数、函数等元素。

本示例模型的资源是叉车，它们将托盘从卸载区移动到托盘货架，再将托盘从托盘货架移动到生产区。

(1) 在"流程建模库"中，将 resourcePool 模块拖曳到 Main 图表中。不需要将该模块连接到流图，如图 5-24 所示。

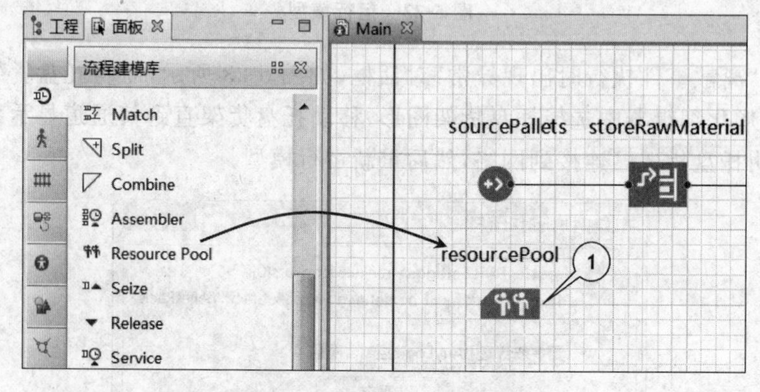

图 5-24 添加 resourcePool 模块

(2) 将该模块命名为 forklifts，如图 5-25 所示。

(3) 在 forklifts 模块的属性区域，单击"创建自定义类型"链接。使用这种方法创建

图 5-25　设置 ResourcePool 模块属性

一个新类型资源。

(4) 在"新建智能体"向导对话框中：

① 在"新类型的名称"文本框输入 ForkliftTruck。

② 在向导左部的列表框中，展开"仓库和集装箱码头"项，单击三维动画图片叉车。

③ 单击"完成"按钮，如图 5-26 所示。

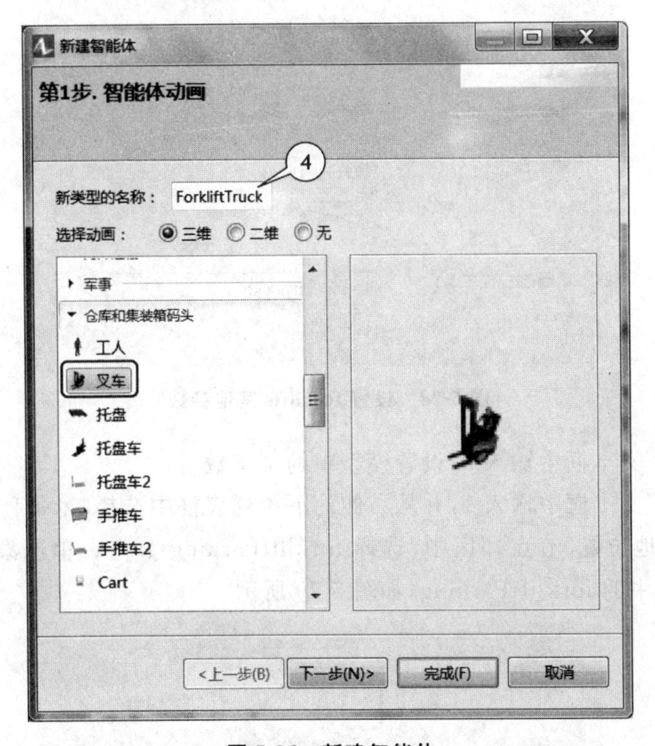

图 5-26　新建智能体

ForkliftTruck 智能体类型图表将打开并显示向导中所选的动画图形。

(5) 单击 Main 选项卡打开 Main 图表,如图 5-27 所示。

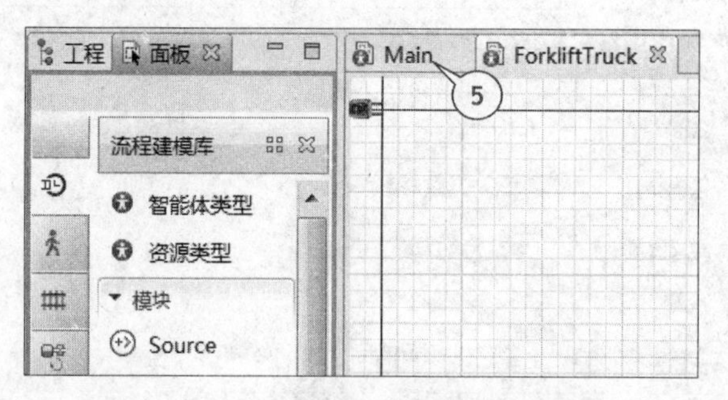

图 5-27 ForkliftTruck 资源类型构建成功

ForkliftTruck 资源类型已在 ResourcePool 模块的"新资源单元"下拉列表框中选择。

(6) 修改 forklifts 资源类型的其他参数,如图 5-28 所示。

图 5-28 设置 forklifts 其他参数

① 在"容量"文本框中输入 5,设置模型中的叉车数量。

② 在"速度"文本框中输入 1,并从右侧的下拉列表框中选择"米每秒"。

③ 在"归属地位置(节点)"区中,选择 forkliftParking 节点。单击添加按钮,再单击模型节点列表中的 forkliftParking,如图 5-29 所示。

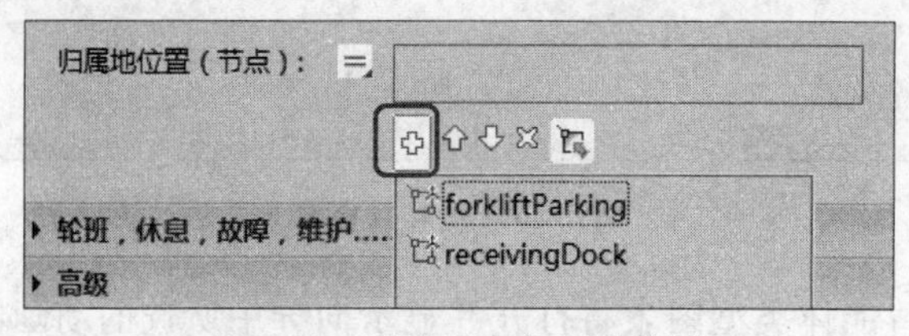

图 5-29 设置叉车归属地位置

这样完成了对资源的定义，但仍要对模型的流图模块是否在流程仿真期间使用它们进行确认。

(7) 在 storeRawMaterial 模块的“属性”区中，进行如下设置，如图 5-30 所示。

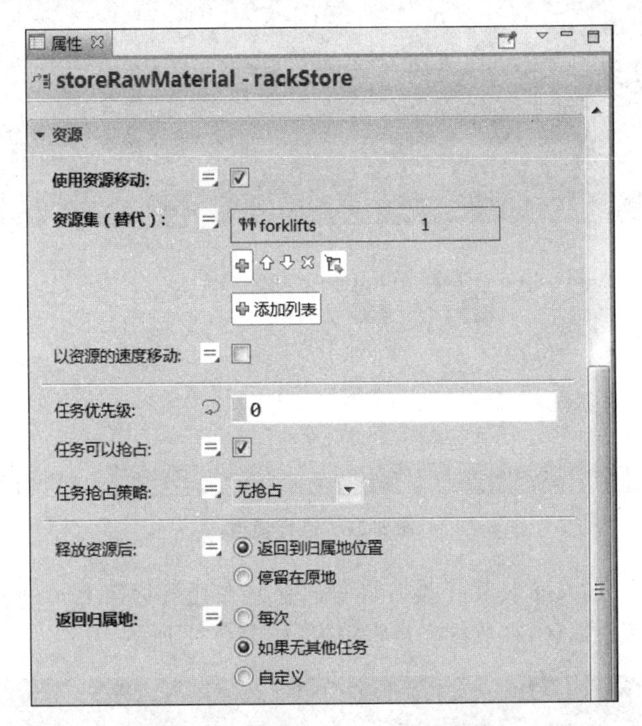

图 5-30 设置 rackStore 模块属性

① 单击“资源”区箭头将其展开。

② 选中“使用资源移动”复选框。

③ 在“资源集(替代)”下拉列表框中，选择 forklifts 选项以确保流图模块使用所选的资源来移动智能体在本示例模型中，所选的资源是叉车。

④ 在“返回归属地”区中，选择“如果无其他任务”单选按钮，以保证叉车在完成它们的任务后返回到其归属地区。

(8) 在 pickRawMaterial 模块的属性区，进行如下设置：

① 单击“资源”区箭头将其展开。

② 选中“使用资源移动”复选框。

③ 在“资源集(替代)”下拉列表框中，选择 forklifts 选项以确保流图模块使用叉车移动智能体。

④ 在“返回归属地”区中，选择“如果无其他任务”单选按钮，以保证叉车在完成它们的任务后返回到其归属地区。

若模型的资源移动智能体，rackStore(或 rackPick)模块获取它们，移动到智能体位置，绑定智能体，将智能体移动到单元，然后释放资源。

(9) 运行模型，如图 5-31 所示。

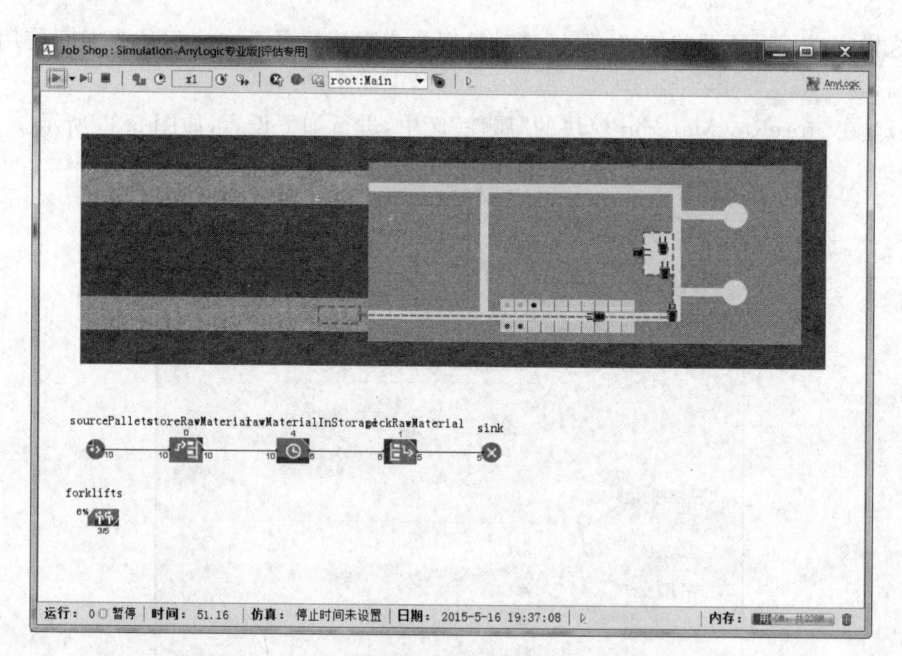

图 5-31 运行模型

运行模型会发现，叉车装载托盘后将它们存储在托盘货架上。一小段延迟后，叉车将托盘移动到叉车停放区，在此区托盘将消失，如图 5-32 所示。

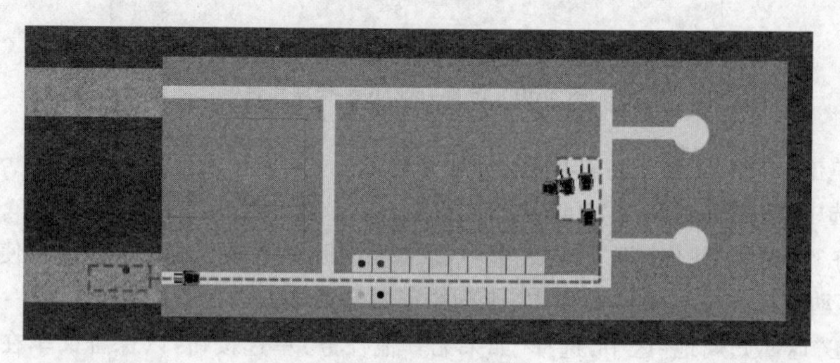

图 5-32 观察叉车运动

5.4 创建三维动画

很多已知的特征已经促使 AnyLogic 成为一个如此强大的建模工具。但还有一些特征尚未介绍，其中一个是三维动画。

【介绍摄像机对象】

AnyLogic 摄像机对象使用户能够定义显示在三维窗口的视图。本质上，摄像机对象对用户看到的图片进行了“拍摄”。

用户可以创建若干个摄像机对象显示同一个三维场景的不同区域，或从不同视角显示单一对象。若使用不止一个摄像机对象，可实现在运行期间视图的任意切换。

(1) 在“演示”面板中，将“摄像机”对象拖曳到 Main 图表中，使其面对加工车间布局。

(2) 将“三维窗口”对象拖曳到 Main 图表中，并将其放置在流程流图的下面，如图 5-33 所示。

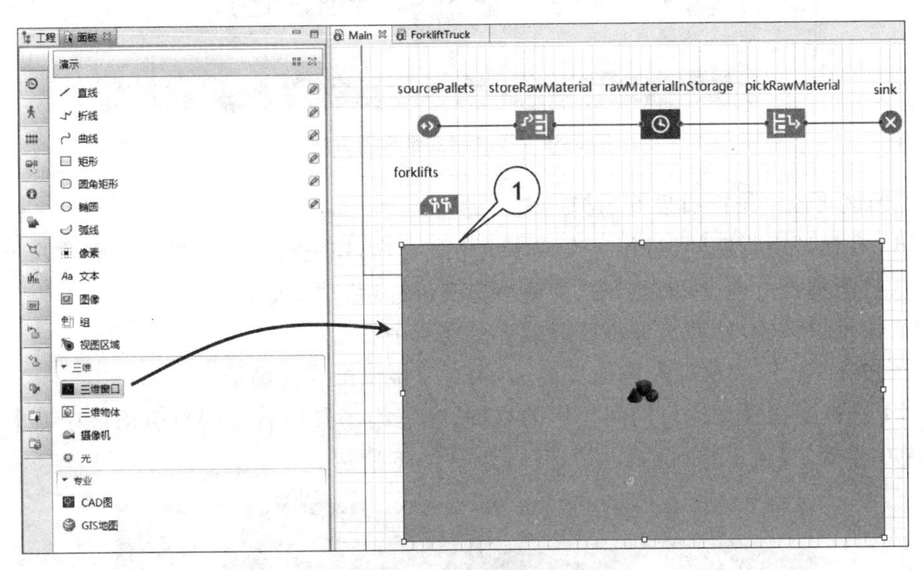

图 5-33 添加三维窗口

【三维窗口】

除了可以选择将若干摄像机添加到模型中，还可以添加若干三维窗口，每个三维窗口从不同视角显示同一个三维场景。

(3) 使用摄像机对三维窗口“拍摄”图片。在三维窗口的“属性”区，选择“摄像机”下拉列表框中的 camera 选项。

(4) 在“导航类型”下拉列表框中选择“限制 Z 在 0 以上”选项，避免摄像机拍摄平面以下的图片，如图 5-34 所示。

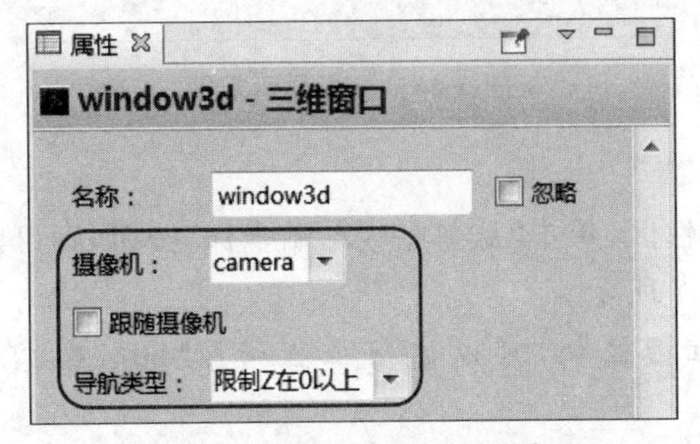

图 5-34 设置三维窗口导航类型

(5) 运行模型。

在模型中创建三维窗口后，AnyLogic 将添加一个视图区域，方便用户在模型运行期间导航到三维视图。若要切换三维视图的视角，需单击工具栏中的导航到视图区域……按钮，然后单击[window3d]选项，如图 5-35 所示。

图 5-35　导航到三维视图方法

视图区将该三维窗口展开为模型窗口的全尺寸。

(6) 在模型运行期间，进行一次或多次下列操作，在三维窗口中进行导航。

① 在所选的方向上，向左、右、前或后拖曳鼠标，移动摄像机。

② 滚动鼠标轮，移动摄像机靠近或远离场景中心。

③ 按住 Alt 键和鼠标左键拖曳鼠标，相对于摄像机旋转场景。

(7) 选择要在模型运行期间显示的视图，在三维场景中右击(Mac OS)，在弹出的快捷菜单中选择"复制摄像机的位置"选项，如图 5-36 所示。

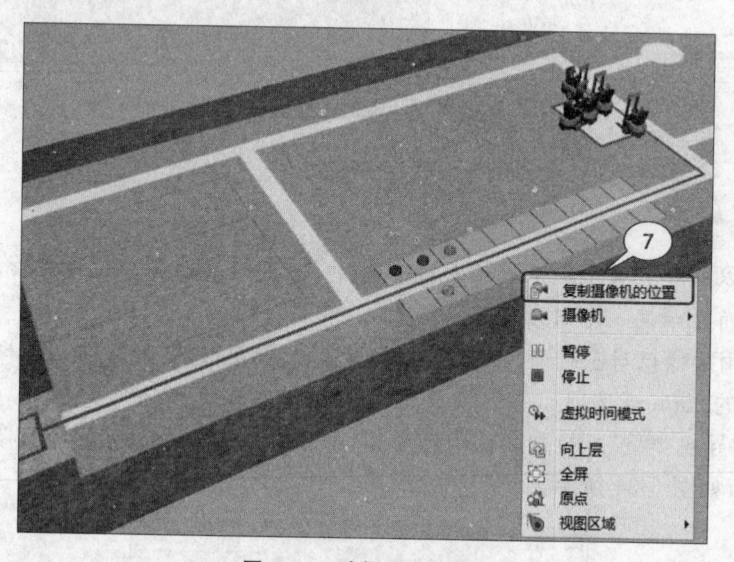

图 5-36　选择显示视图

(8) 关闭模型窗口。

(9) 在摄像机的属性区，单击"从剪贴板粘贴坐标"按钮，则可以应用在前面所选择的摄像机的位置，如图 5-37 所示。

注意： 若不能定位摄像机，可以使用工程树。Main 智能体的演示分支将显示 camera。

(10) 运行模型，从新的摄像机位置观察三维视图，然后关闭模型窗口。

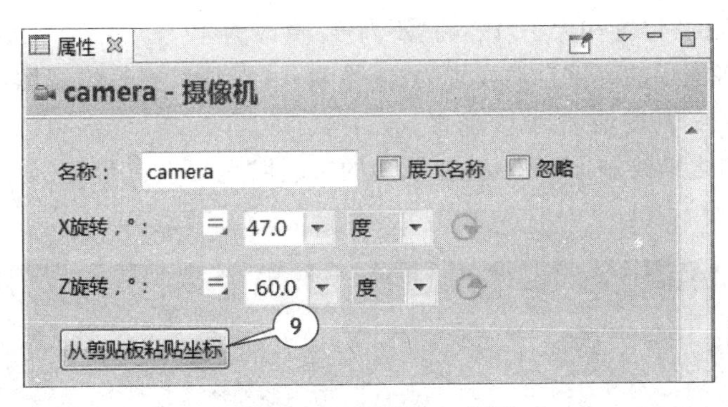

图 5-37 设置摄像机位置

(11) 展开“空间标记”面板中的“行人”区，双击“墙”元素图标，如图 5-38 所示，进入 AnyLogic 绘图模式。

图 5-38 进入绘图模式

(12) 进行如下操作，在加工车间布局的工作区绘制墙，如图 5-39 所示。

① 在图形化编辑器中，单击要开始绘制墙的位置。

② 在任意方向移动指针绘制一条直线，然后单击想要改变方向处的任意点。

③ 在要停止绘制墙的位置双击，即可完成墙的绘制。

(13) 进行如下设置，更改墙的填充颜色和纹理：

① 在墙的属性中，展开“外观”区。

② 在颜色菜单中，单击“其他颜色”按钮。

③ 在“颜色”对话框中，从面板或光谱中选择想要应用到墙上的颜色。

用户还可以进行透明度的设置(利用“颜色”对话框中的“透明度”滑块)，或使用软件中提供的任意纹理自定义墙(在颜色菜单中单击“纹理……”)。

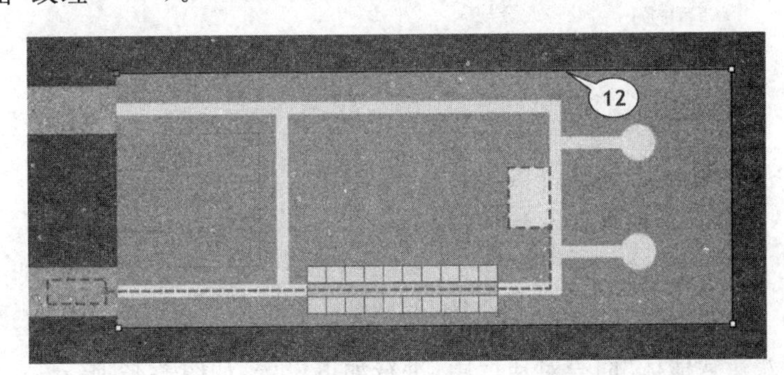

图 5-39 绘制墙

使用墙来装饰模型。在之后模拟机场行人行为的教程中，可以了解墙是如何成为障碍物的。

(14) 展开墙的“位置和大小”区，将“Z-高度”更改为 40。

AnyLogic 将图形的高度自动设置为 20 像素，以保证其在三维视图中的显示。在本示例模型中，将墙的高度增加到 40 像素。

(15) 在出口之前绘制另一道墙，在该墙的“属性”区更改其设置，使其与第一道墙相匹配，如图 5-40 所示。

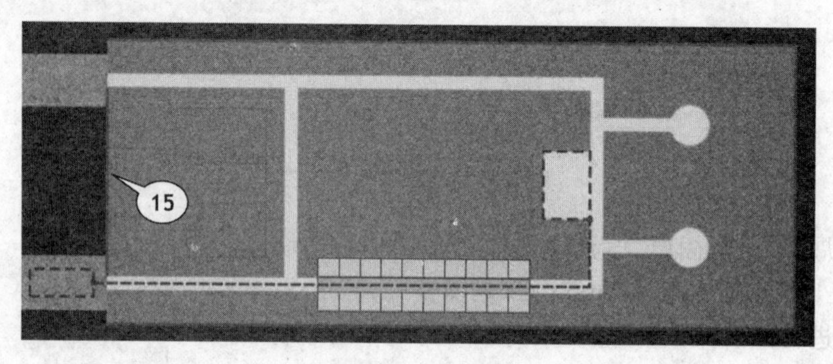

图 5-40　绘制墙

(16) 运行模型，查看模型的三维动画。

在模型中可以看到，模型动画中用圆柱体表示托盘。为修正该问题，可创建一个智能体类，自定义一个托盘动画。

(17) 在 sourcePallets 模块“属性”区的“新智能体”下拉列表框下，单击“创建自定义类型”链接，如图 5-41 所示。

图 5-41　创建新智能体

(18) 在“新建智能体”向导对话框中，进行如下设置，如图 5-42 所示。

① 在“新类型的名称”文本框中，输入 Pallet。

② 在向导左部的列表中，展开“仓库和集装箱码头”区，单击三维动画图形“托盘”项。

③ 单击“完成”按钮。

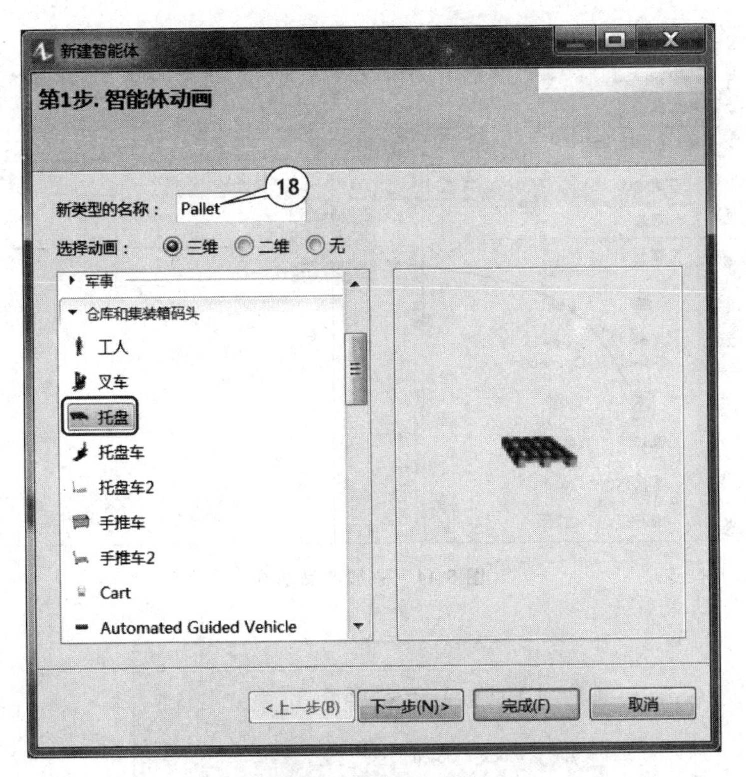

图 5-42 新建智能体

AnyLogic 创建了 Pallet 智能体类，打开 Pallet 图表，将显示在向导中所选的托盘动画。下一步操作是在托盘动画之上添加产品动画，首先扩大托盘视图，近距离观察托盘动画。

(19) 使用缩放工具栏，将 Pallet 图表扩大到 500%，将画布向右移动查看轴的原点和托盘动画图形。

【放大或缩小视图】

AnyLogic 的"缩放"工具栏可以放大或缩小图形化图表的视图，如图 5-43 所示。

图 5-43 缩放工具栏

(20) 进行下列操作，在托盘动画之上添加产品动画，如图 5-44 所示。

① 在"三维物体"面板中，展开"盒子"区。

② 将"盒 1 关"物体拖曳到托盘动画的左上角。

(21) 由于这个盒子比托盘大，因此，将该盒子的比例更改到 75%，如图 5-45 所示。

(22) 在盒子的"属性"区，展开"位置"区，将其 Z 坐标更改为 2。

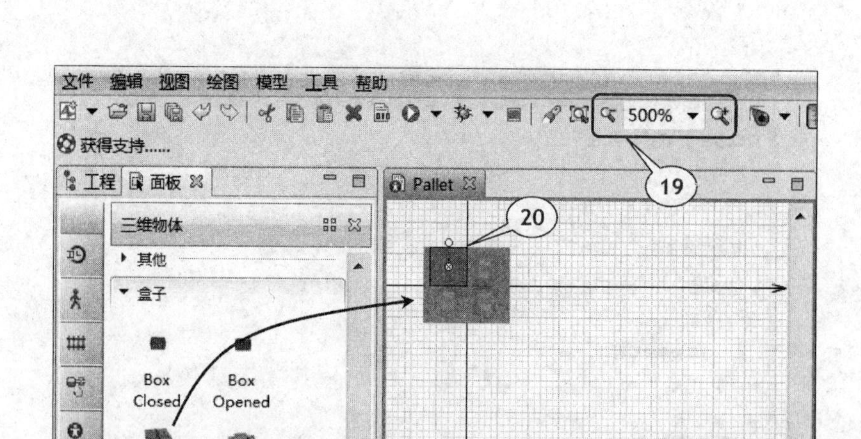

图 5-44 添加产品动画

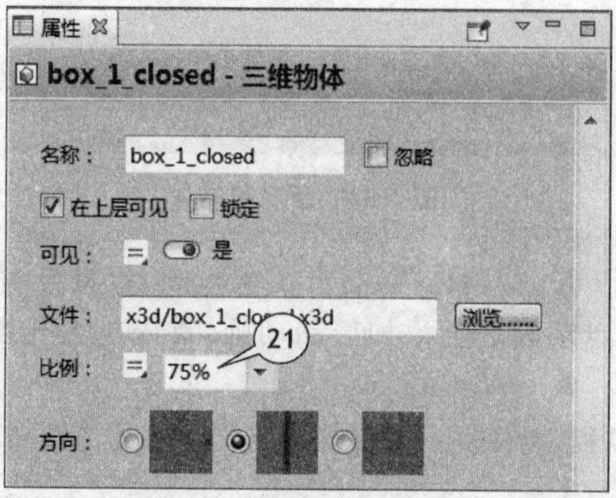

图 5-45 更改盒子比例

这些设置的变化表现为将盒子放置在托盘之上，且每个盒子的高度约为 2 像素。

(23) 通过复制第一个盒子三次，添加三个盒子。要复制该盒子，需选中它，按住 Ctrl 键进行拖曳。

现在，托盘上有四个挨着的盒子，单击工具栏中的缩放到 100%按钮，将图形化图表缩放回 100%，如图 5-46 所示。

(24) 返回到 Main 图表。

打开 sourcePallets 模块的"属性"区，Pallet 已被选为"新智能体"。此模块将生成 Pallet 类型智能体。

(25) 运行模型。

在运行的模型中，托盘图形已将之前显示的圆柱体更换。然而，若在三维场景中放大视图，显示叉车并未运输托盘。更改此问题，需通过某种方式移动模型中的托盘，以使叉车能够装载托盘，如图 5-47 所示。

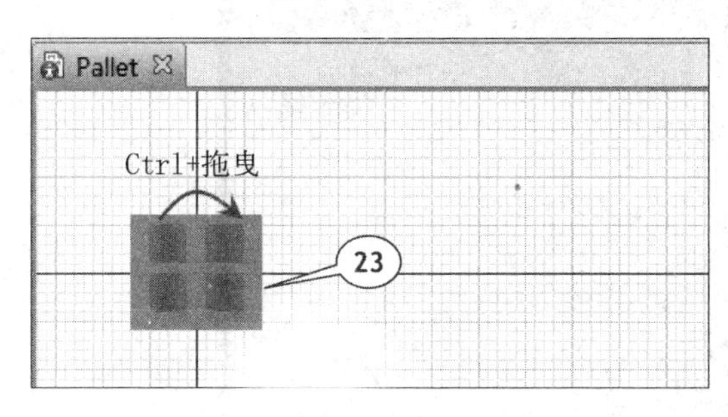

图 5-46 复制并调整盒子尺寸

图 5-47 模型运行三维视图

(26) 在工程视图中，双击 ForkliftTruck 智能体类打开其图表，将 forkliftWithWorker图片向右移动一个单元。

现在，动画图形显示在正确的位置上，模型中托盘与叉车前叉的位置相符，如图 5-48 所示。

(27) 打开 Main 图表，在托盘货架“属性”区的“层数”文本框中输入 2。

注意：第一次单击将选中网络，第二次单击将选中网络中的元素。

(28) 在 storeRawMaterial 流图模块的“属性”区中，将“每层上升时间”参数设置为 30 秒。

(29) 在 pickRawMaterial 模块的“属性”区中，将“每层下降时间”参数设置为 30 秒。

(30) 运行模型。视图中显示两层的托盘货架，如图 5-49 所示。

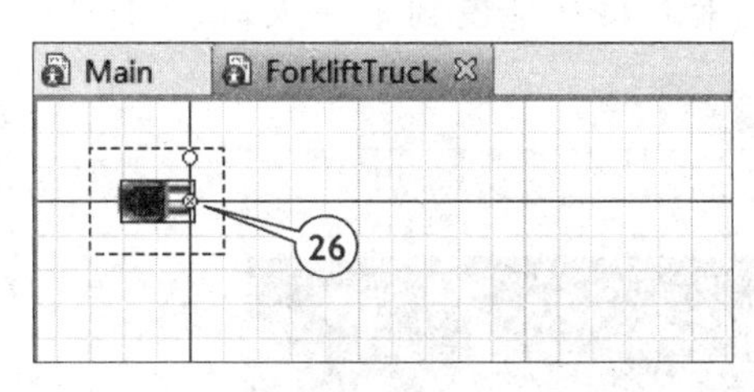

图 5-48 调整托盘与叉车位置

图 5-49 模型运行三维视图

5.5 模拟卡车运输托盘

在本阶段，将在模型中添加卡车，将托盘运输到加工车间。首先创建一个智能体类表示卡车。

(1) 在“流程建模库”中，将“智能体类型”元素拖曳到 Main 图表。

(2) 在“新建智能体”向导的“智能体动画”页面中进行设置，如图 5-50 所示。

① 在“新类型的名称”文本框中输入 Truck。

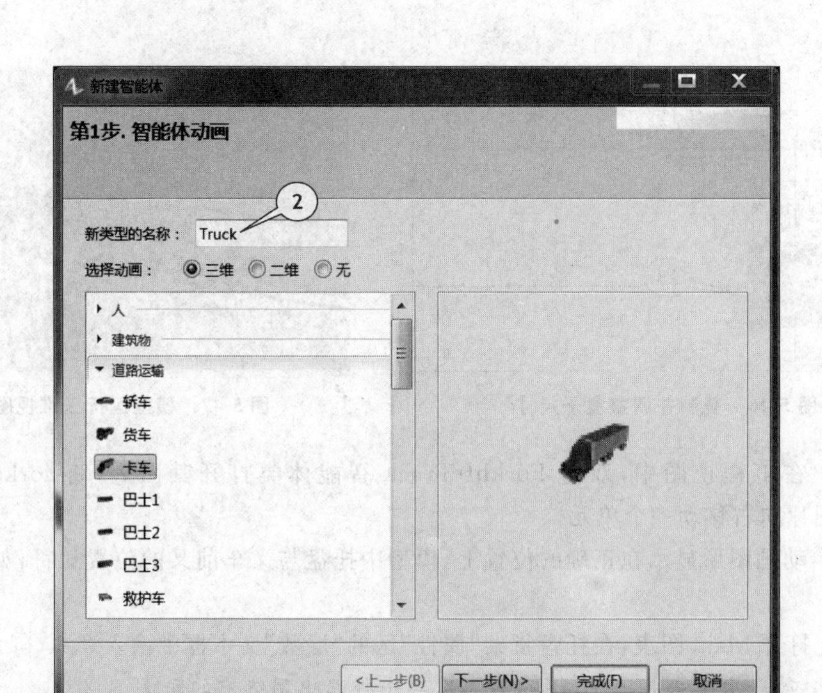

图 5-50　设置智能体动画

② 在下面的列表中，展开"道路运输"区，单击"卡车"项。

③ 单击"完成"按钮。

在网络中添加两个元素：卡车出现的节点及卡车前往接收站的路径。

(3) 打开 Main 图表。

(4) 在"空间标记"面板下，单击"点节点"元素并将其拖曳到车道入口，如图 5-51 所示。

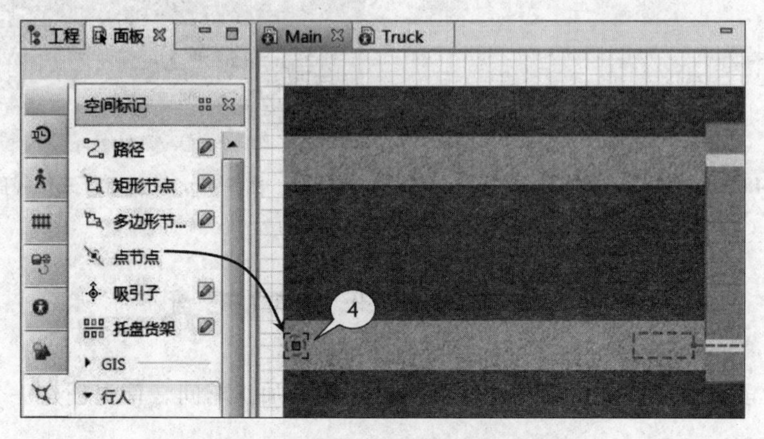

图 5-51　在车道入口添加点节点元素

(5) 将该节点命名为 exitNode。

(6) 绘制一条路径，从 exitNode 连接到 receivingDock，如图 5-52 所示。然后确认所有的空间标记模型已连接到网络，如图 5-53 所示。

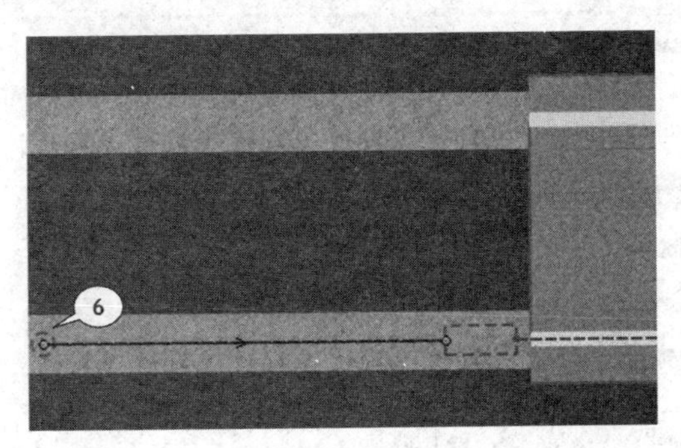

图 5-52 绘制路径

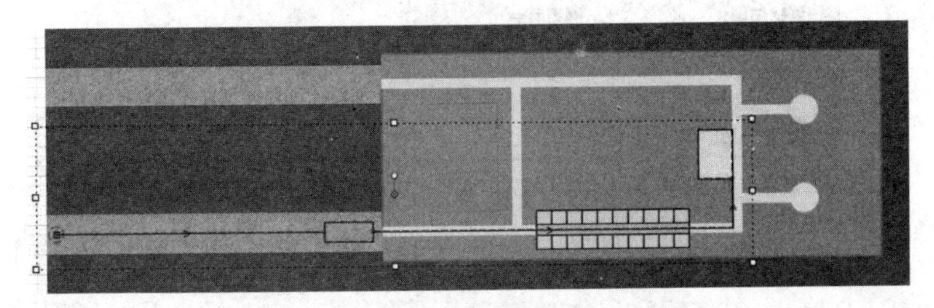

图 5-53 确认空间标记模型已连接到网络

(7) 创建另一个流程流图来定义卡车的运动逻辑。按照图 5-54 所示模块的连接顺序连接“流程建模库”中的模块。

Source-MoveTo-Delay-MoveTo-Sink

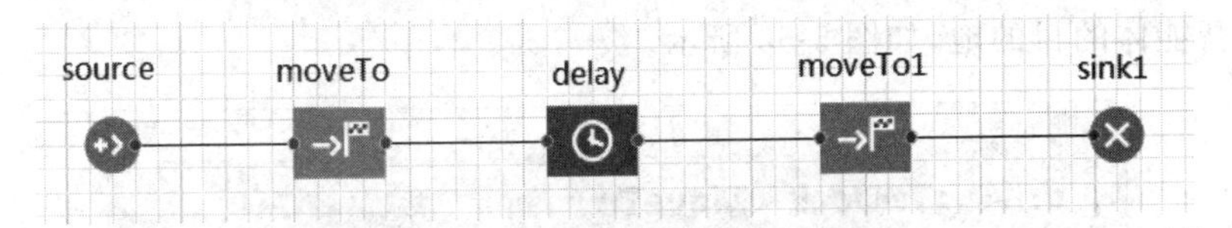

图 5-54 创建卡车运行流程流图

① Source 模块生成卡车。

第一个 MoveTo 模块驱动卡车到达加工车间入口。MoveTo 流图模块将智能体移动到网络中的一个新的位置。若智能体中绑定了资源，资源将与智能体一起移动。

②延迟 Delay 模块模拟托盘卸载。

③ 第二个 MoveTo 模块驱动卡车离开。

④ Sink 模块将卡车从模型中移除。

(8) 将 Source 模块命名为 sourceDeliveryTrucks。

(9) 在 sourceDeliveryTrucks 模块的“属性”区进行设置，如图 5-55 所示，使新自定义的 Truck 类智能体以指定的速度每小时到达车道的入口：

① 在“定义到达通过”下拉列表框中，选择“间隔时间”选项。

② 在“间隔时间”文本框中输入 1，并从右侧的下拉列表框中选择“小时”选项。

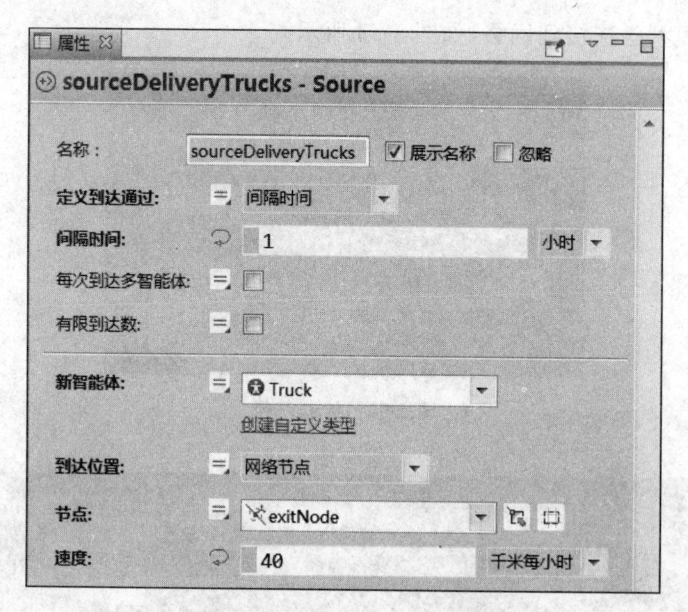

图 5-55　设置 Source 模块属性

③ 在“新智能体”下拉列表框中，选择 Truck 选项。

④ 在“到达位置”下拉列表框中，选择“网络节点”选项。

⑤ 在“节点”下拉列表框中，选择 exitNode 选项。

⑥ 在“速度”文本框中输入 40，并从右侧的下拉列表框中选择“千米每小时”选项。

(10) 将第一个 MoveTo 模块命名为 drivingToDock。

(11) 在 drivingToDock 模块“属性”区的“节点”下拉列表框中，选择 receivingDock 选项设置智能体的目的地，如图 5-56 所示。

图 5-56　设置智能体目的地

(12) 将“延迟”模块命名为 unloading。

(13) 在 unloading 模块的“属性”区进行设置，如图 5-57 所示。

① 在“类型”区，选择“直至调用 stopDelay()”单选按钮。

② 在“智能体位置”下拉列表框中，选择 receivingDock 选项。

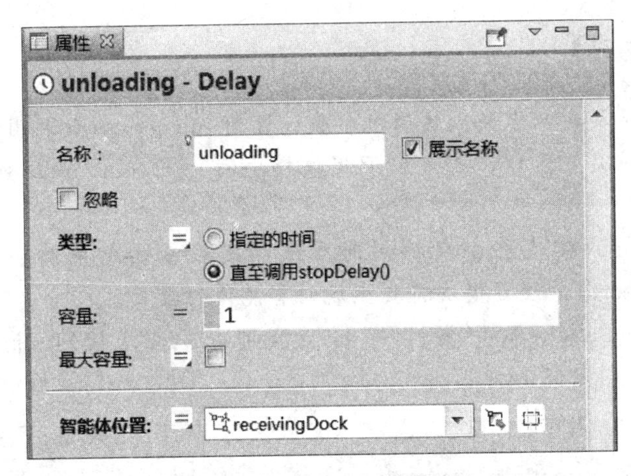

图 5-57 设置 Delay 模块属性

该操作的持续时间取决于托盘卸载和叉车移动托盘的速度。在此认为 RackStore 模块完成托盘存储时此操作完成，通过更改 Delay 模块的操作模式模拟该过程。

【通过编程控制延迟时间】

通过对 Delay 模块的操作指定一个延迟时间。延迟时间可以是固定的，如 5 分钟，也可以是通过随机表达式生成的，如 triangular(1,2,6)。

用户还可以通过编程控制操作的持续时间，并通过调用与该模块相关的函数在必要的时刻停止延迟。若要停止等待 Delay 模块中的所有智能体，调用模块中的 stopDelayForAll()函数——stopDelay(agent)，终止操作并释放指定的智能体。

(14) 将第二个 MoveTo 模块命名为 drivingToExit。

(15) 在 drivingToExit 模块"属性"区的"节点"下拉列表框中，选择 exitNode 选项，设置目的节点，如图 5-58 所示。

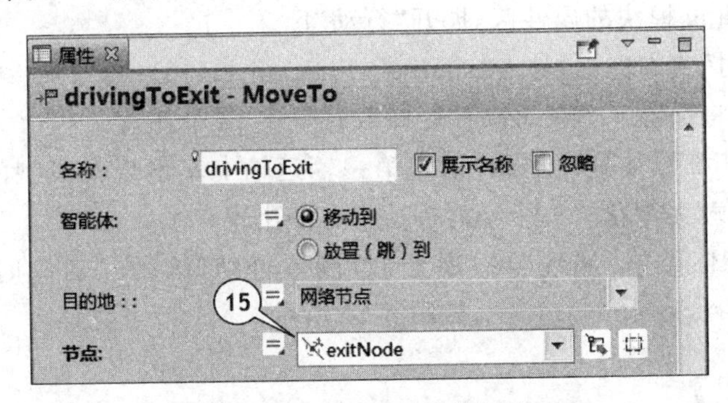

图 5-58 设置 MoveTo 模块目的节点

模型中两个 Source 模块生成两类智能体：卡车每小时生成一次，托盘每 5 分钟生成一次。由于模型中需要在下载卡车时出现托盘，下面将更改 Source 模块生成智能体的到达模式。

【控制智能体生成】

通过将 Source 模块的定义到达通过参数设置为 inject()函数调用，可实现该模块每隔一段时间生成一次智能体。也可以调用该模块的 inject(int n)函数来控制智能体的创建。

该函数使 Source 模块在函数调用时生成指定数量的智能体。通过函数参数如 sourcePalltets. inject(12)设置模块将要生成的智能体的数量。

(16) 在 sourcePallets 模块"属性"区的"定义到达通过"下拉列表框中，选择"inject()函数调用"选项，如图 5-59 所示。

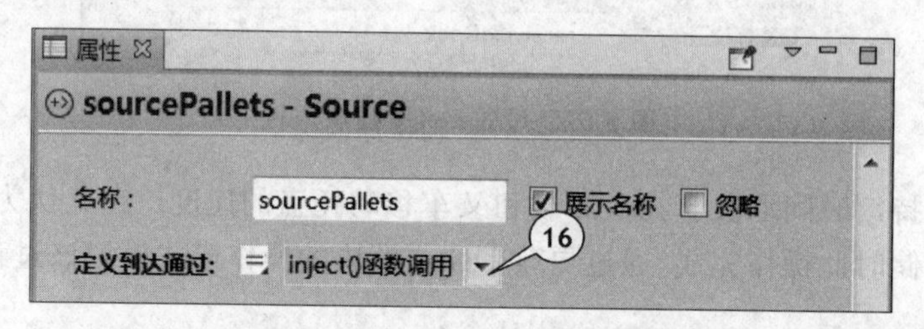

图 5-59 设置 Source 模块属性

(17) 使 sourcePallets 模块在卡车进入 unloading 模块时生成托盘，如图 5-60 所示。

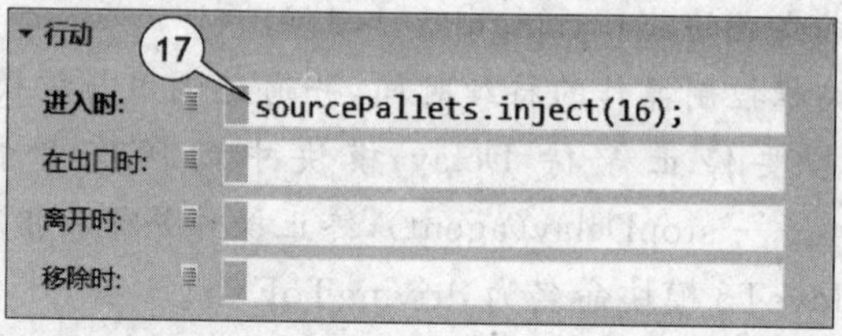

图 5-60 设置 Source 模块属性

① 在 unloading 模块的属性区，展开"行动"区。

② 在"进入时"文本框中，输入"sourcePallets. inject(16)；"。

此 Java 函数将保证卡车在每次开始卸载时生成 16 个托盘。

由于已经将卡车添加到模型中，设置第一辆运输卡车出现在模型的起始点，这样在模型开始运行时，就无须花费一个小时等待卡车的出现。

在 Main 智能体类的"属性"区，展开"智能体行动"区，在"启动时"文本框中输入"sourceDeliveryTrucks. inject(1)；"，如图 5-61 所示。

【模型启动代码】

模型在创建、连接及初始化模块以后，模型的启动代码在模型初始化的最后阶段执行。这是模型额外初始化和启动智能体行为(如事件)的方法。

(18) 在 storeRawMaterial 模块的"属性"区，展开"行动"区，在"离开时"文本框中输入下列代码：

```
if(self.queueSize()==0)
unloading.stopDelayForAll();
```

工程　面板　M　属性

Job Shop*
ForkliftTruck
Main
Pallet
Truck
Simulation: Main

Main - 智能体类型

名称：Main　忽略

智能体行动

18

启动时：

sourceDeliveryTrucks.inject(1);

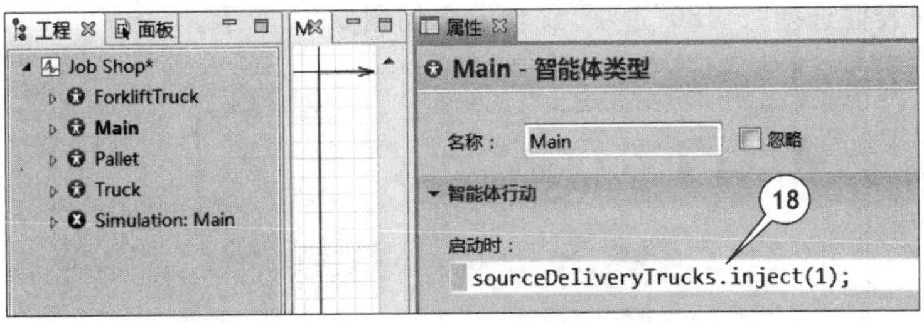

图 5-61　设置智能体行动函数

设置后的结果如图 5-62 所示。

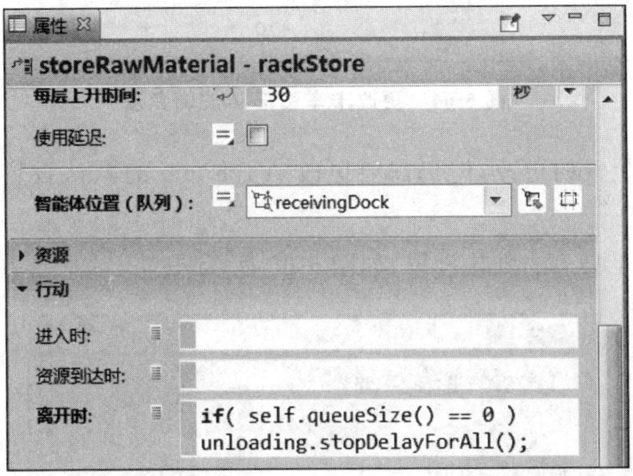

属性

storeRawMaterial - rackStore

每层上升时间:　30　秒

使用延迟:

智能体位置（队列）:　receivingDock

资源

行动

进入时:

资源到达时:

离开时:

```
if( self.queueSize() == 0 )
unloading.stopDelayForAll();
```

图 5-62　设置 rackStore 模块行动函数

在本示例模型中，self 是一个用于从 storeRawMaterial 模块自身行动中引用该模块的捷径。

若存储队列中没有托盘，unloading 模块的延迟时间结束（即调用了 stopDelayForAll()），卡车离开 unloading 模块进入流图中的下一个模块 drivingToExit。

（19）运行模型。

（20）若卡车出现如图 5-63 所示的对齐错误，按如下设置进行修正。

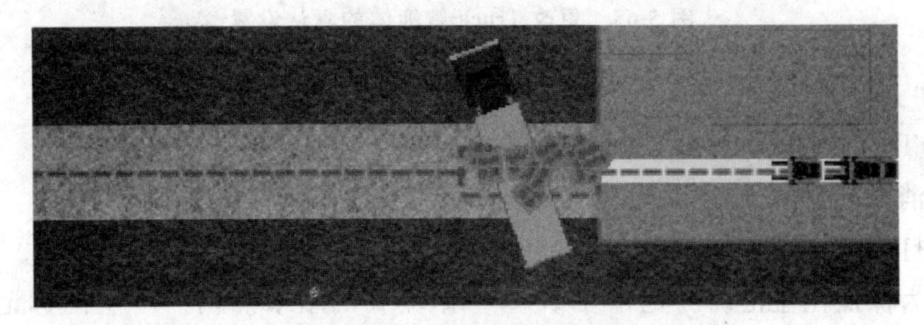

图 5-63　卡车出现对齐错误

① 在“工程”树中，双击 Truck 智能体类打开其图表，查看卡车的动画图片。

② 在图形化编辑器中，选择卡车图形。使用圆柄或卡车在“位置”属性区的“Z 旋转，°：”下拉列表框选择“－180”选项，旋转卡车如图 5-64 所示。

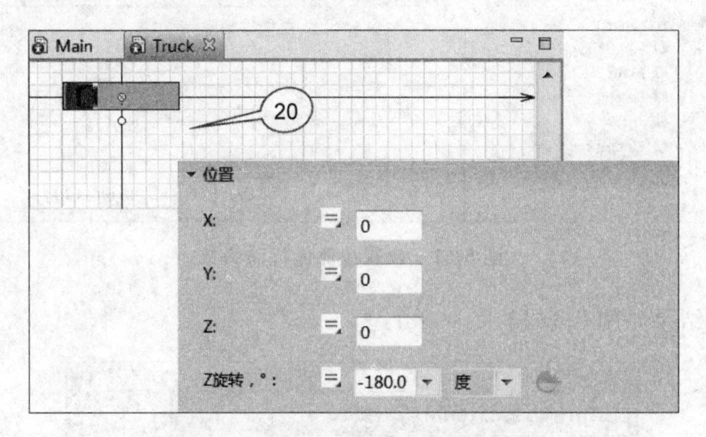

图 5-64 更改卡车图形 Z 旋转角度

完成卡车图片位置的更改，但仍需要更改 AnyLogic 的默认设置以确保程序不会将其再次旋转。

(21) 更改 AnyLogic 的默认设置，如图 5-65 所示。

图 5-65 更改 Truck 智能体的默认设置

① 在“工程”区，单击 Truck。

② 在 Truck 智能体类的“属性”区，单击“移动”区箭头展开该区域。

③ 取消“按照移动旋转动画”复选框。

(22) 打开 Main 图表。

(23) 为保证托盘正确的定位在 receivingDock 网络节点，打开“空间标记”面板，将“吸引子”元素拖曳到 receivingDock，并使其面对入口放置，如图 5-66 所示。

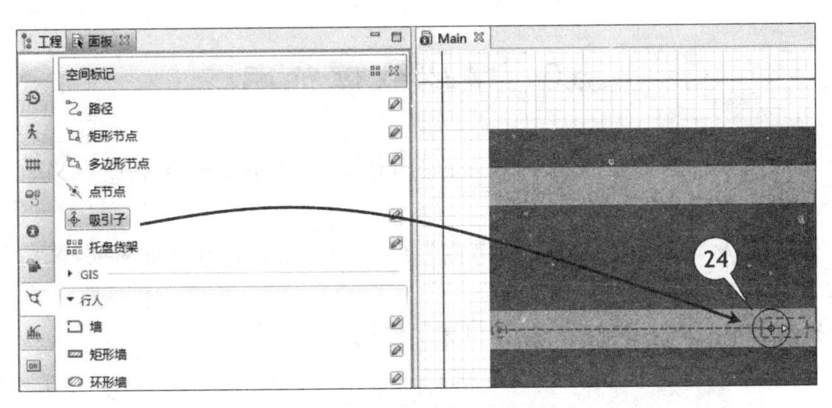

图 5-66 添加吸引子

【节点中的吸引子】

吸引子可以控制智能体在节点内的位置。

- 若节点定义了智能体移动的目的地,吸引子则会定义智能体在节点内部的确切目标点。
- 若节点定义了等待位置,吸引子则会定义智能体在节点内部等待的确切点。

吸引子还定义了智能体在节点内部等待的动画方向。基于此特殊的目的,在本模型中使用吸引子。

可将吸引子单独拖曳到 Main 图表中,但若吸引子形成了一个常规的结构,可使用特定的向导在同一时间添加若干吸引子。该向导提供了若干不同的吸引子创建模式及"删除所有现有的吸引子"选项,用户可通过单击节点"属性"区的"吸引子…"按钮来显示该向导。

(24) 运行模型,查看卡车的行为。

此时动画应按照模型构想的方式显示,如图 5-67 所示。

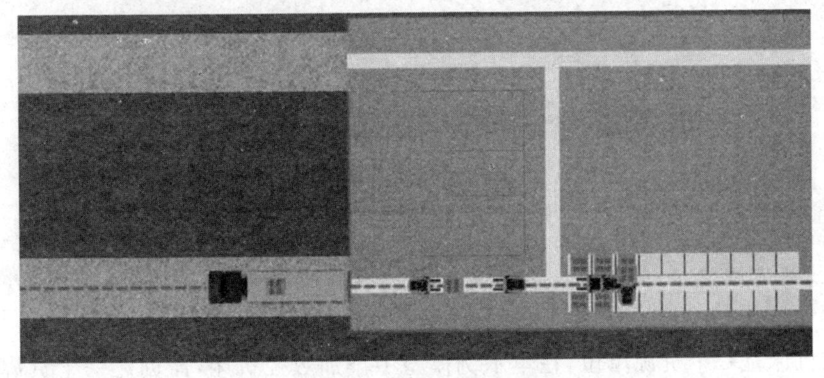

图 5-67 模型运行视图

5.6 模拟数控机床

本节将对原材料的数控机床仿真。首先,标记空间并使用点节点定义数控机床的位置。

(1) 在“空间标记”面板中,将“点节点”元素拖曳到加工车间布局上,并将其命名为 nodeCNC1。

(2) 复制该节点,标记第二个数控机床的空间,如图 5-68 所示。

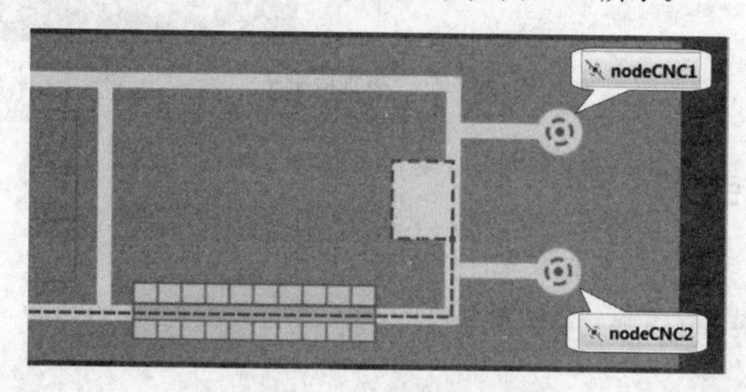

图 5-68 定义数控机床位置

AnyLogic 将第二个节点自动命名为 nodeCNC2。

创建路径将两个节点链接到网络中。模型中的叉车将通过该路径到达数控机床。

(3) 在“空间标记”面板中,单击“路径”元素,并按如图 5-69 所示绘制路径。单击该点节点的中心,将路径连接到一个节点。

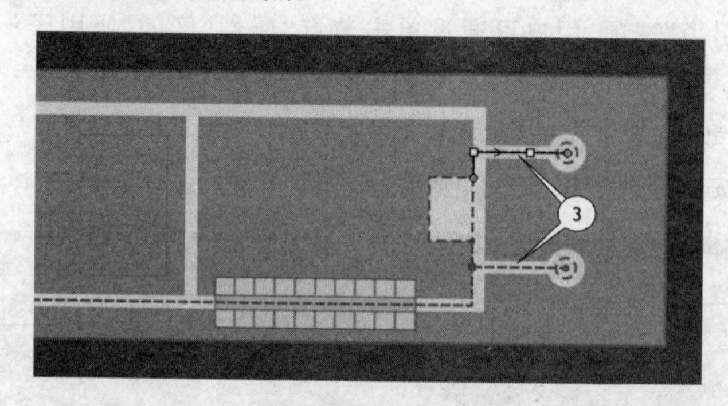

图 5-69 绘制路径

注意:为确保绘制的路径将 nodeCNC1 和 nodeCNC2 连接到了网络,可通过分两次选中路径,测试该路径的连接。若路径已连接到了网络中,其终点将显示为高亮的蓝绿色。

数控机床是一个资源单位,在本示例模型中添加数控机床,需创建一个资源类型,并使用 ResourcePool 模块定义资源池。

(4) 在“流程建模库”面板中,单击 ResourcePool 模块并将其拖曳到 Main 图表中。

(5) 在 ResourcePool 模块的属性区进行设置,如图 5-70 所示。

图 5-70 设置资源池模块属性

① 在"名称"文本框中输入 cnc。

② 在"资源类型"下拉列表框中选择"静态"选项,将其定义为静态资源。

资源池设置完成后,接着创建一个新的资源类型。

(6) 在"新资源单元"下拉列表框下,单击"创建自定义类型"链接。

(7) 在"新建智能体"向导中,进行如下设置:

① 在"新类型的名称"文本框中输入 CNC。

② 在下面的下拉列表框中,展开最后的区域(数控机床),选择"数控立式加工中心 2 状态 1"选项。

③ 单击"完成"按钮。

(8) 关闭新建的 CNC 类型图表,返回到 Main 图表。

(9) 在 ResourcePool 模块的"属性"区,进行如下设置。在模型中的两个点节点 nodeCNC1 和 nodeCNC2 定义的位置处放置两个数控机床。

① 在"定义容量"下拉列表框中,选择"通过归属地位置"选项。

"通过归属地位置"选项将资源数量设置为本资源池中归属地节点的数量。

② 单击加号按钮,将 nodeCNC1 和 nodeCNC2 添加到归属地位置(节点)列表中。

添加这些节点后,列表如图 5-71 所示。

修改模型中所用的流图,通过添加一个获取数控机床的 Seize 模块定义托盘的行为;然后,添加一个 Delay 模块模拟数控机床处理原材料;再添加一个 Release 模块释放数控机床,使数控机床能够处理下一个托盘的原材料。

注意:记住模型中已经存在一个 pickRawMaterial 模块,即模拟移动的资源(叉车)将托盘输送到数控机床。

(10) 在定义托盘行为的流图中,将 pickRawMaterial 模块和 sink 模块向右侧拖动,为添加新的模块预留空间。

(11) 在"流程建模库"面板中,将 Seize 模块插入到托盘流图 rawMaterialinStorage 模块的后面,如图 5-72 所示。

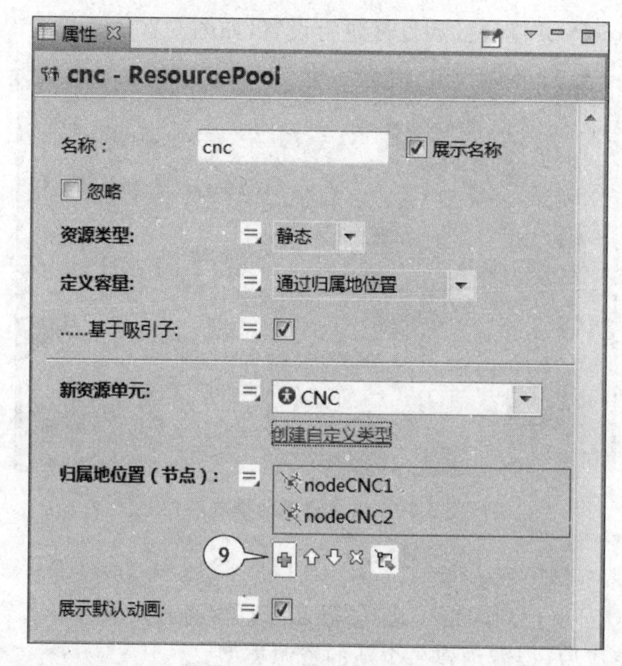

图 5-71　设置归属地位置

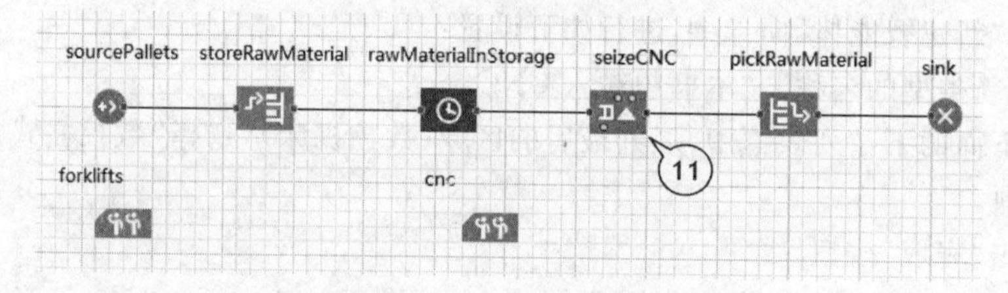

图 5-72　添加 Seize 模块

(12) 在 Seize 模块的“属性”区，进行如下设置：

① 在“名称”文本框中输入 seizeCNC。

② 在“资源集”选项中单击加号按钮，单击 cnc。

完成此步骤后，Seize 模块将从 cnc 资源池中获取资源。

(13) 在 pickRawMaterial 流图模块的“属性”区，进行如下设置：

① 在“目的地是”下拉列表框中，选择“获取的资源单元”选项。

② 在“资源”下拉列表框中，选择 cnc 选项。

此模块将模拟托盘输送到获取数控机床而不是叉车的停放区。

(14) 进行如下设置，模拟数控机床处理原材料：

添加一个 Delay 模块，将其快速放置在 pickRawMaterial 模块之后，并将其命名为 processing，如图 5-73 所示。

(15) 在该 Delay 模块的“属性”区，进行如下设置：

① 在“延迟时间”文本框中，输入 triangular(2,3,4)，并从右侧的下拉列表框中选择“分钟”选项。

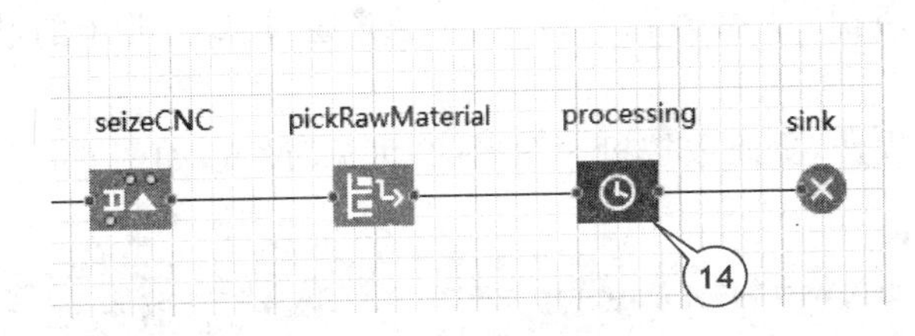

图 5-73 添加 Delay 模块

② 选中“最大容量”复选框，使数控机床能够处理若干托盘。

每个到达该 Delay 模块的智能体必须选择这两个数控机床中的一个。

(16) 在“流程建模库”面板中，将 Release 模块拖曳到托盘流图，并将其放置在 processing 模块之后。

(17) 将该 Release 模块命名为 releaseCNC，如图 5-74 所示。

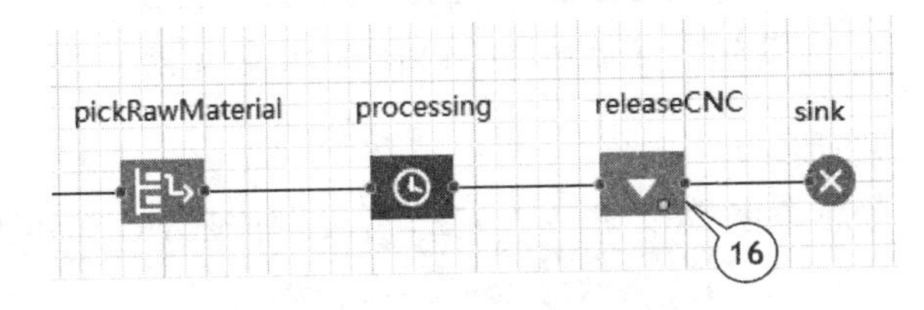

图 5-74 添加 Release 模块

运行模型会发现，过程仿真正确，但在三维动画中托盘位于数控机床图形的中间。这种现象发生的原因是，数控机床及其正在处理的托盘的位置设置在同一个节点。为解决该问题，需要向右移动并旋转数控机床，使其面对托盘，如图 5-75 所示。

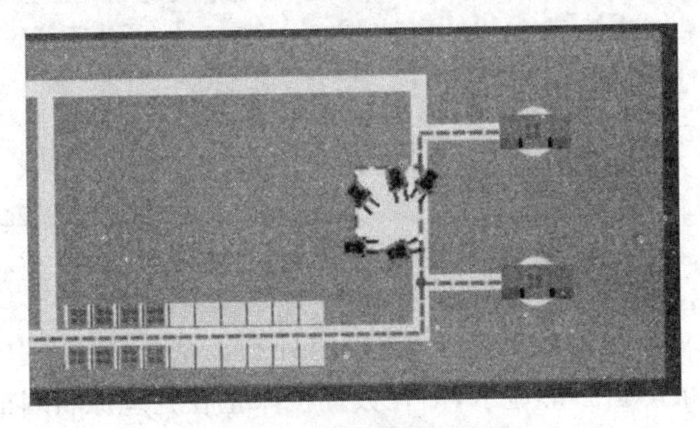

图 5-75 模型运行显示

(18) 在“工程”视图中，双击 CNC 智能体类，打开其图表。

(19) 将数控机床动画向右移动，使用圆柄或将图片的 Z 旋转°属性设置为 90°，以旋转数控机床图片图形，如图 5-76 所示。

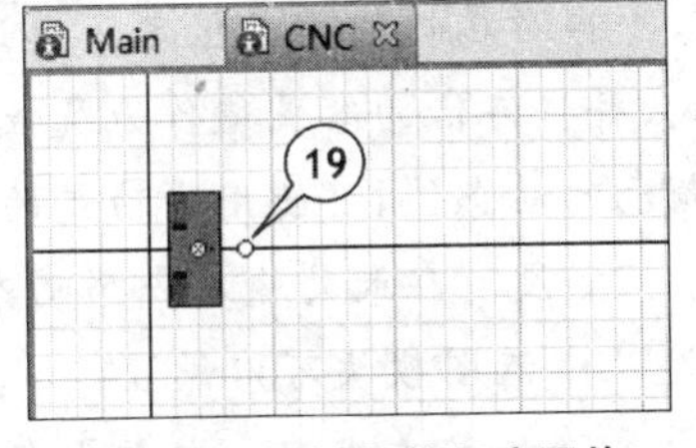

图 5-76 旋转数控机床图片

现在要使用两个相似的三维动画图形来绘制数控机床：一个图形显示数控机床处于空闲状态；另一个图形显示数控机床正在处理原材料。因此，对每个图形的

“可见”属性定义动态值，使模型在运行期间能够通过数控机床的状态确定显示哪个图形。

(20) 按照下列操作，更改数控机床图形的“可见”设置，如图 5-77 所示。

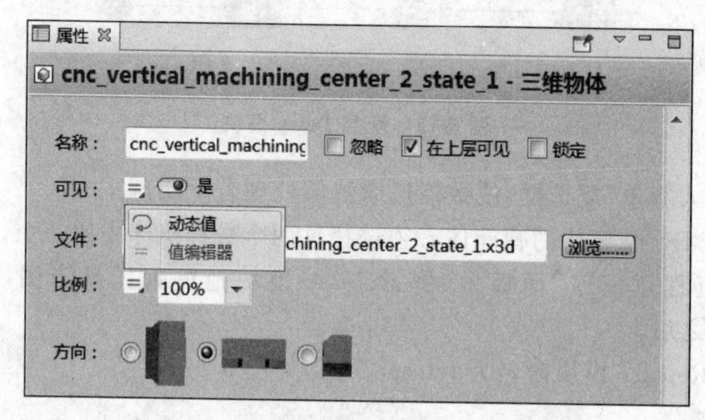

图 5-77 更改数控机床图形的“可见”设置

① 选中数控机床图形。

② 将鼠标悬浮在静态参数按钮＝上，在“可见”标签旁边显示的菜单中单击“动态值”。

图标＝变成动态属性图标，并显示可定义值的动态表达式的文本框。可在该文本框中输入 Java 表达式，返回一个 true 或 false 值。

③ 在该文本框中输入 isBusy()，如图 5-78 所示。

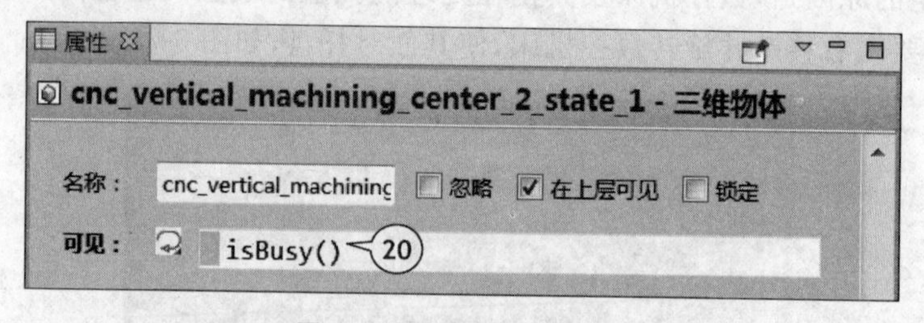

图 5-78 设置“可见”函数

这是 AnyLogic 中资源的标准函数，在资源处在忙状态时返回 true。在本示例模型中，该函数将指导三维动画图形显示，即在数控机床正在处理原材料时返回 true。

【动态属性】

当对属性的动态值定义表达式时，模型将在运行期间对每一帧动画重新评估该表达式，并将评估的结果值作为属性的当前值。AnyLogic 软件提供了关于图形位置、高度或颜色的动态值，可使用户动态的刻画其模型。

若没有在此处输入一个动态值，则在仿真过程中，该属性将保留默认的静态值。

- 流图模块可以设置：

＝静态参数：在整个仿真过程中保留相同的值，除非 set_parameterName(new

value)函数将其更改。

动态属性：每次新的智能体进入该模块时，这些值会被重新评估。

代码参数：允许用户在流图模块中定义行动，且该行动将在一个关键时刻执行，如进入时行动或离开时行动。在大多数情况下，代码参数位于流图模块属性区的行动区域。

- 参数图标处的小三角形表示用户能够单击该图标，以在静态值编辑器和可输入值的动态重新评估表达式的区域之间进行切换。

(21) 进行如下操作，再添加一个动画图形，使其只在数控机床没有处理原材料的时刻可见。

① 打开“三维物体”面板，查找 AnyLogic 中备用的三维物体。

② 展开“数控机床”区，将“数控立式加工中心 2 状态 2”图形拖曳到 CNC 图表，如图 5-79 所示。

③ 旋转该图形，并将其直接放置在第一个动画图形的上面。

④ 在“可见”文本框，切换到动态值编辑器，输入 isIdle()作为该图形“可见”属性的动态表达式。

(22) 展开“三维物体”面板的“人”区，将“工人”图形拖曳到 CNC 图表，如图 5-80 所示。

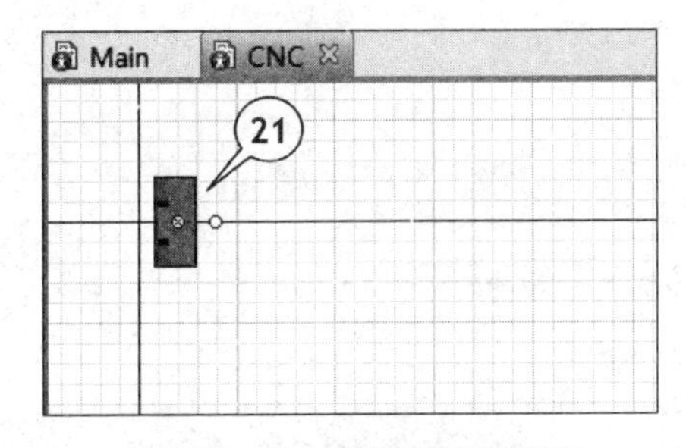

图 5-79 添加并设置动画图形

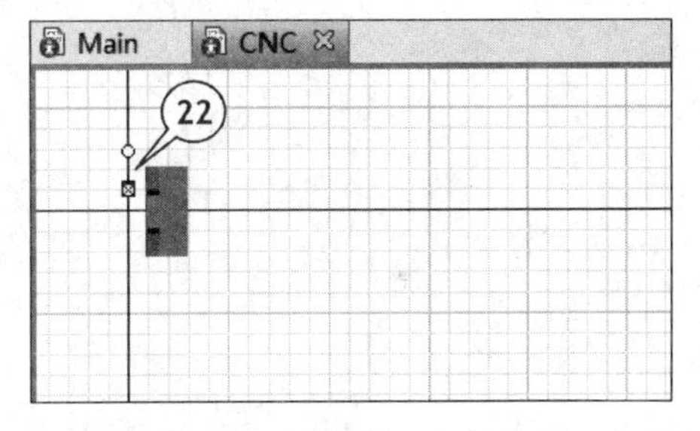

图 5-80 添加“工人”图形

(23) 运行模型，并观察其过程。

在运行的模型中显示叉车将托盘输送到数控机床进行处理的过程，以及数控机床根据其状态动态地更改三维图形，如图 5-81 所示。

图 5-81 模型运行三维视图显示

至此,完成了小加工车间的生产和运输过程的简单建模。现在,读者应该对 AnyLogic 中的资源及其工作方式有了基本的了解,也会对使用“流程建模库”中的模块构建流图来定义过程逻辑的方法有了初步的认识。

在本示例模型的基础上,可以进一步模拟装有处理后部件的托盘如何移动到装卸台的另一个存储区,以及如何在此存储区停留直至将处理完的部件发货。在上面构建简单模型的过程中,已经使用了模拟这些过程所需要的模块,用户可根据自己的需要任意添加并创建逻辑。

第6章 chapter 6

行人建模

行人交通仿真是建设、扩大或重新设计购物中心、机场、火车站和体育场馆等设施的重要部分。这些分析有助于建筑师改善他们的设计，帮助项目负责人了解建筑潜在的变化，利于相关部门制定可能的疏散路线。由于行人流动复杂，需对其进行全面的模拟。

详细的理论研究表明，行人遵从基本的流动规则。他们以预定的速率移动，躲避其他人和墙等障碍物，根据周围人群的信息调整自己的路程和速度。这些研究结论已在实地研究和客户应用中多次验证。

用户可以创建权值，如在指定点之间的总行程时间权值，还可以在交通运输高峰期更改实验来强调这些权值。最后，可以导入背景布局、平面图和地图来创建多个三维视图，使针对行人流进行的分析更加简单易懂。

AnyLogic 能够帮助用户处理这些如下交通问题：

- 时间和吞吐量计算：假设用户正在设计一个超级市场、地铁、火车站或机场，且设计的目标是要建立一个合理的布局，使行人的行程时间最短且行人流之间不能互相干扰，那么 AnyLogic 仿真可以简单地测试正常、特殊或峰值条件下所构建布局的合理性。
- 行人交通影响分析：拥堵区域，如主题公园、博物馆和体育馆的管理者可以通过仿真来了解新商亭的变化或重新安置广告板将如何影响场馆的运转、行人流的行程时间和客户体验的。
- 疏散分析：自然或人为灾难的频繁发生使疏散计划的评估和优化变得非常重要。紧急事件建模可以帮助应急管理机构制订有效的疏散计划以保证公民的生命财产安全。

6.1 机场模型

本节要模拟乘客如何在一个拥有两家航空公司的机场中移动，每家航空公司都有自己的登机口。乘客到达机场，办理值机手续，通过安检，然后进入候机区。登机开始，航空公司的工作人员检查乘客的机票后，允许乘客登机。

下面将分 6 个阶段构建本机场模型。在最后阶段，用户需要学习读取数据库中的飞行数据(在 Excel 电子表格中可用)，并通过分配航班信息设置行人。

6.2 定义简单行人流

在建模的第一阶段，利用 AnyLogic 行人库创建一个机场的简单模型，其中，行人到达机场，再移动到登机口。

【行人库】

- 传统的建模方法如离散事件建模和队列建模等，不适用于构建有大量行人运动的区域模型。
- AnyLogic 行人库在“物理”的环境中模拟行人流，允许用户创建建筑和有大量行人区域的模型，如地铁站、安检站和街道等。
- 模型中的行人在连续的空间中移动，能够对障碍物或其他人做出反应。该特征支持用户收集指定区域的行人密度，确保假设负载容量下服务的可接受执行能力，评估行人在一个指定的区域中停留时间，以及检测内部环境发生变化（如添加或移除障碍物）等，可能产生的问题。

一般情况下，创建行人动态模型需首先添加仿真建筑的布局，然后在布局上绘制墙体。

(1) 创建一个新的模型，并将其命名为 Airport。

(2) 将“图像”元素从“演示”面板中拖曳到 Main 图表。

(3) 选择要显示的图像文件。在本示例模型中，从 AnyLogic folder/resources/AnyLogic in 3 days/Airport 中选择 terminal. png 图像文件，如图 6-1 所示。

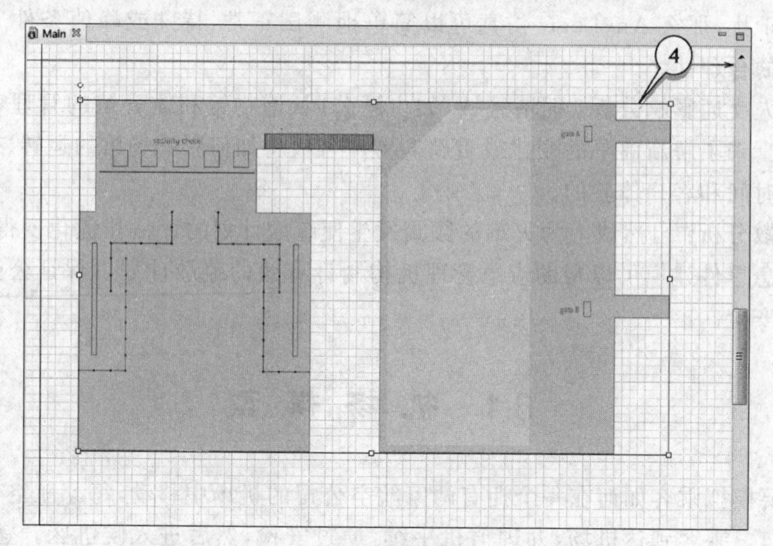

图 6-1 添加图像

(4) 在 Main 图表中，将该图像放置在蓝色框的左下角，若该图片发生变形，单击“重置到原始大小”按钮，选择“锁定”复选框锁定该图片图形。

通过 AnyLogic“行人库”面板中的空间标记图形集定义行人模型的空间。可利用空间标记图形绘制墙、服务(如入口、售票处等行人接受服务的位置)和候机区。

【行人模型中的空间标记图形】

行人库的空间标记图形类型如图 6-2 所示。

从创建墙对象开始,创建行人模型。墙在模型中是行人不能通过的仿真空间。简而言之,将通过下面的三个标记图形绘制墙,将其放置在图像中显示墙的上面。

图 6-2 “行人库”面板的“空间标记”区

【墙】

墙:用于绘制外部和内部的墙。

矩形墙:用于绘制行人不可进入的工作空间等矩形区域。

环形墙:用于绘制圆柱、水池或喷泉等环形障碍物。

(5) 使用“行人库”面板绘制机场的墙。双击“行人库”面板中“空间标记”区的“墙”元素,绘制环绕机场建筑边界的墙。在绘制墙的过程中,单击可添加点;双击将终止墙的绘制,如图 6-3 所示。

更改墙的外观,选择新的颜色和高度。

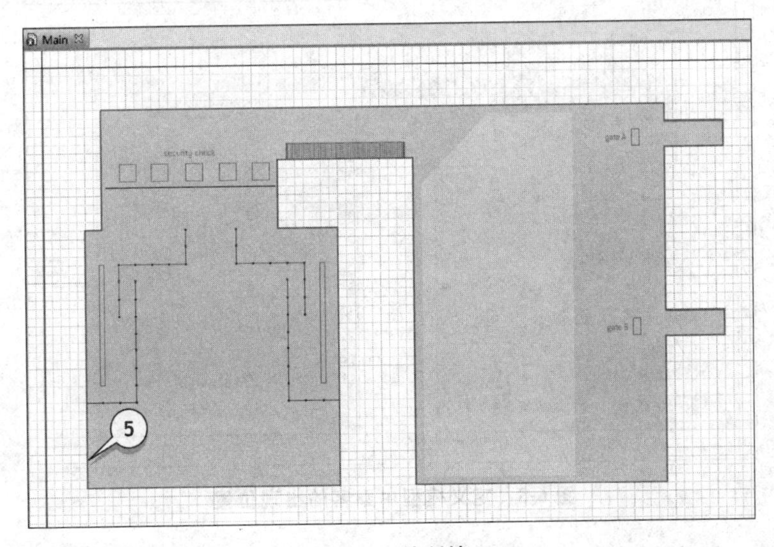

图 6-3 绘制墙

(6) 进入墙的“属性”区,在“外观”区域选择“颜色”为 dodgerBlue,如图 6-4 所示。

定义了建筑的墙,并完成了墙颜色的设置,然后使用指定的“目标线”空间标记元素,确保模型中行人出现在机场的入口,并向登机口移动。

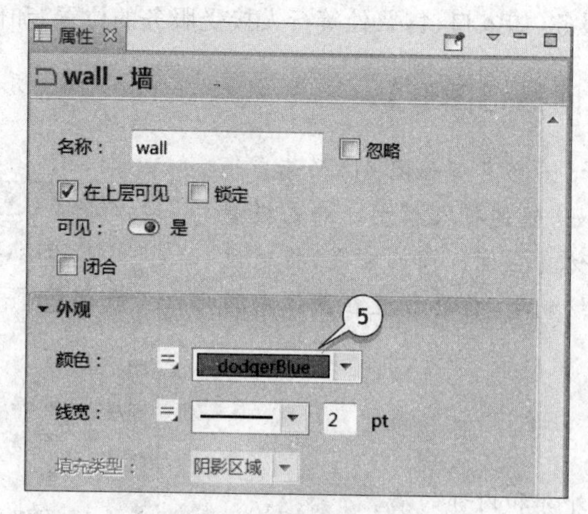

图 6-4 设置墙的属性

【目标线】

在行人动态模型中,“目标线”元素定义了行人在仿真空间出现的位置、等待的位置(虽然通常使用“区域”定义等待区)和行人的目的地。

(7) 定义模型中乘客出现的位置,将“目标线”元素从“行人库”面板中拖曳到图形化图表,如图 6-5 所示。

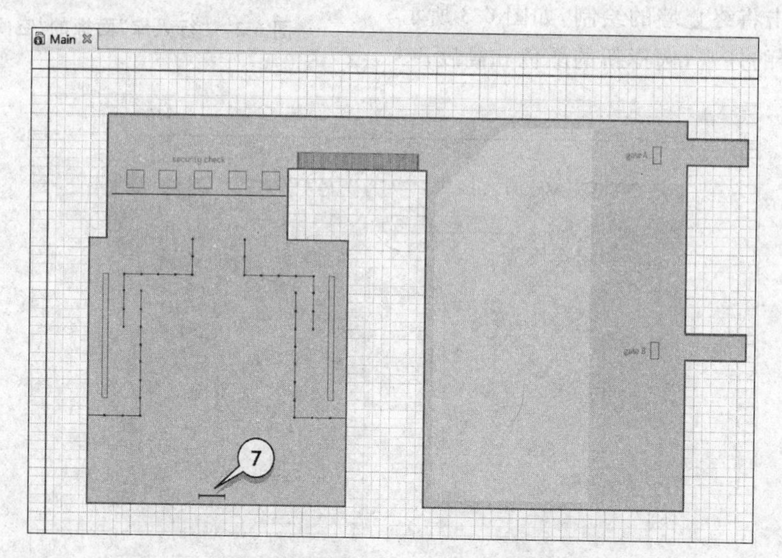

图 6-5 定义模型中乘客的出现位置

(8) 将该目标线命名为 arrivalLine。

(9) 定义乘客进入机场后向其移动的第二条目标线,如图 6-6 所示,将其放置在登机口的位置,将其命名为 gateLine1。

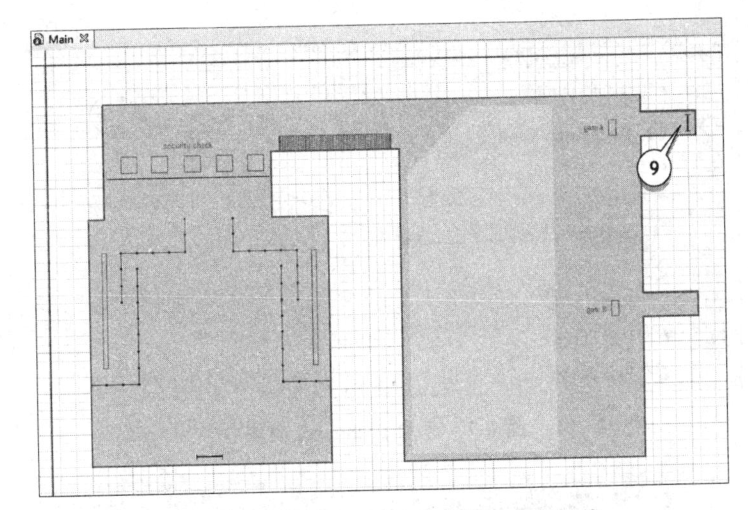

图 6-6　定义乘客向其移动的第二条目标线

注意：模型中的目标线元素和空间标记图形必须位于墙的内部。若模型中的任何空间标记图形与墙接触，则在模型的运行期间，将显示错误信息"离散事件执行异常：不可达的目标……"。

完成了简单行人模型的空间标记后，使用流图定义模型的流程逻辑。

【使用行人库中的流图模块定义行人流逻辑】

使用流图定义行人动态模型中出现的过程。在模型中，行人通过流图执行模块中定义的操作。

最重要的"行人库"模块如下：

PedSource：生成行人，与常规流程建模库流图中的 Source 模块生成智能体相似。通常将该模块作为行人流的起始点。

PedGoTo：使行人流进入指定的目的地。

PedService：模拟行人在服务站接受服务。

PedWait：使行人在一个指定的位置等待一定时间。

PedSelectOutput：通过指定的条件将进入的行人指引到若干路线或过程。

PedSink：清除行人，通常是行人流的终点。

(10) 开始构建行人流图。首先将 PedSource 模块从"行人库"面板中拖曳到 Main 智能体类的图表中，如图 6-7 所示。

(11) 要以每小时有 100 名乘客的平均速率随机地到达机场，进入 pedSource 模块的属性区，在"到达速率"文本框中输入 100，如图 6-8 所示。

(12) 指定行人在仿真系统中出现的位置，在"目标线"下拉列表框中选择 arrivalLine 选项。

(13) 添加一个 PedGoTo 模块，并将其连接到 pedSource 模块，模拟行人移动到指定位置。在本示例模型中，要使乘客进入登机口，因此，将该模块命名为 goToGate1。

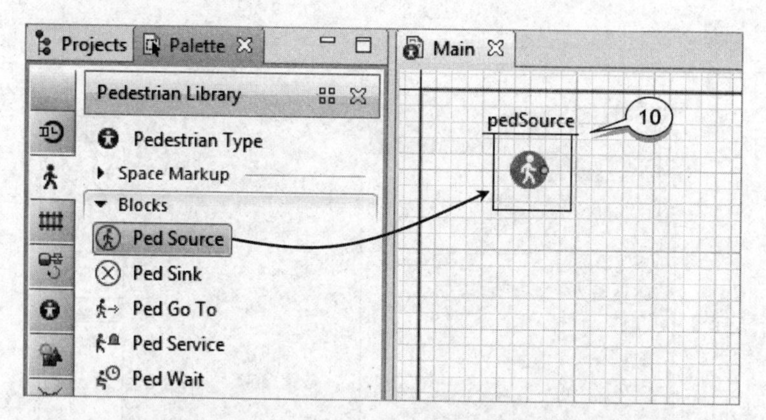

图 6-7　添加 pedSource 模块

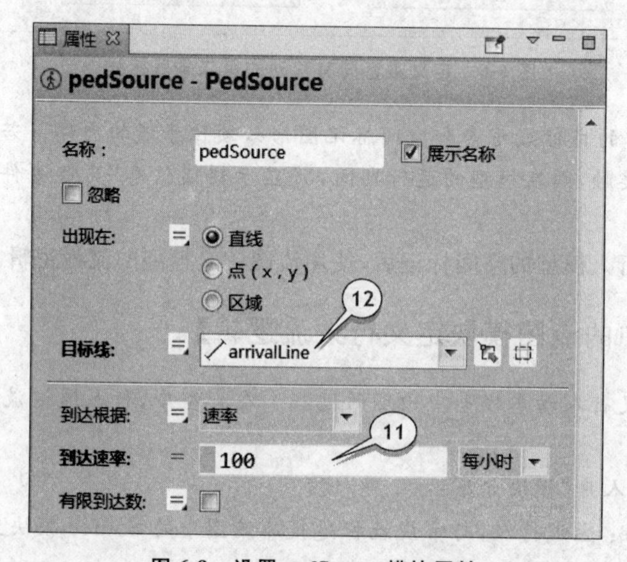

图 6-8　设置 pedSource 模块属性

将新模块从面板拖曳到图表并放置在另一个模块的附近，可实现与该模块的自动连接，如图 6-9 所示。

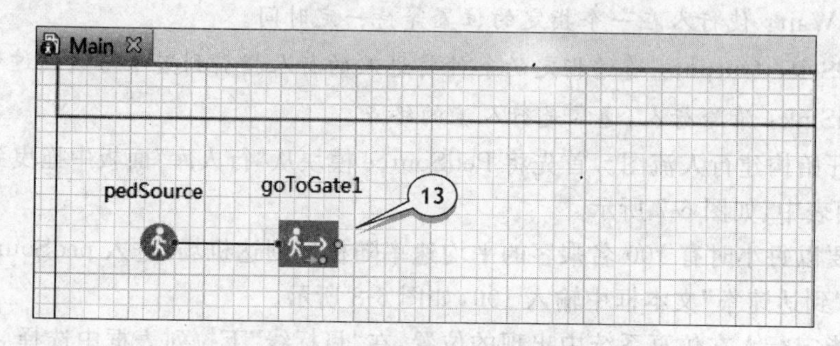

图 6-9　添加 pedGoTo 模块

(14) 在 goToGate1 模块属性区的“目标线”下拉列表框中选择 gateLine1 选项，指定乘客移动的目的地，如图 6-10 所示。

图 6-10　设置 pedGoTo 模块目标线

（15）添加一个 pedSink 模块，清除进入的行人。行人流图通常以 pedSource 模块开始，以 pedSink 模块结束。所建流图应如图 6-11 所示。

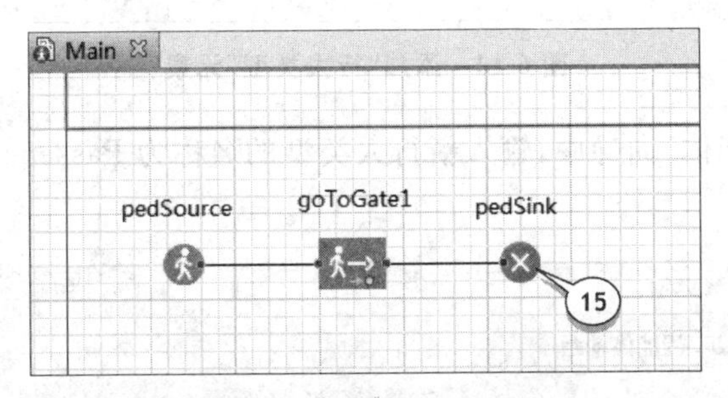

图 6-11　添加 pedSink 模块

（16）运行模型。在二维动画中可以看到，行人从机场的入口移动到登机口，如图 6-12 所示。

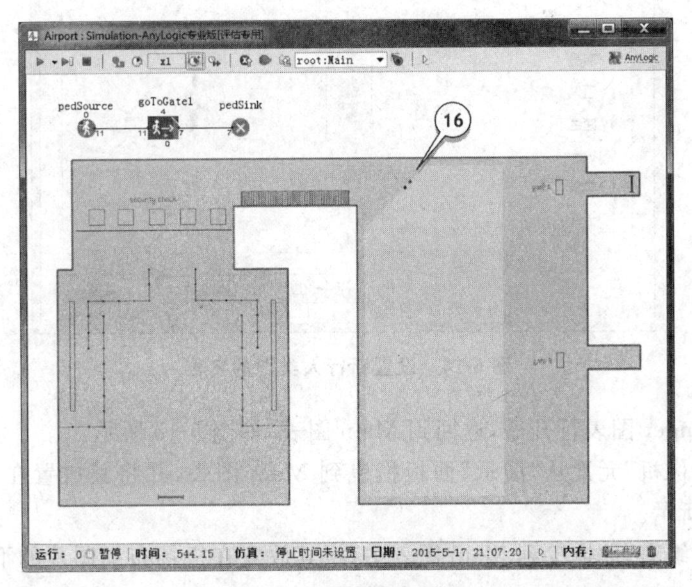

图 6-12　模型运行显示

6.3 绘制三维动画

添加三维动画，将指定的三维元素(三维窗口，摄像机)和乘客的三维模型添加到模型中。首先，将一个自定义的三维动画图形分配给乘客，这需要创建一个自定义的“行人类型”。

注意：若要添加一个行人的三维动画、自定义其属性或收集行人的统计，需创建一个自定义的行人类型。

(1) 将“行人类型”元素从“行人库”面板中拖曳到 Main 图表，如图 6-13 所示。

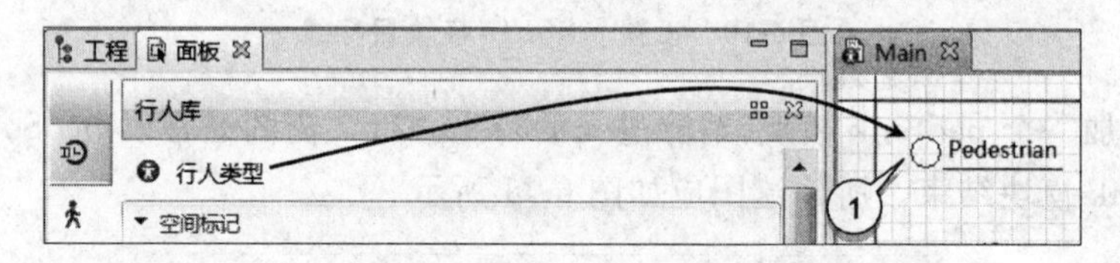

图 6-13 添加“行人类型”元素

(2) 在“新建智能体”向导中，输入新行人类型的名称为 Passenger，单击“完成”按钮，如图 6-14 所示。

图 6-14 设置新行人类型的名称

(3) Passenger 图表打开后，返回到 Main 图表，如图 6-15 所示。

(4) 将“摄像机”元素从“演示”面板拖曳到 Main 图表，并将其放置在面向机场的位置，如图 6-16 所示。

(5) 将“三维窗口”拖曳到 Main 图表中，将其放置在机场布局图片的下面，如图 6-17 所示。

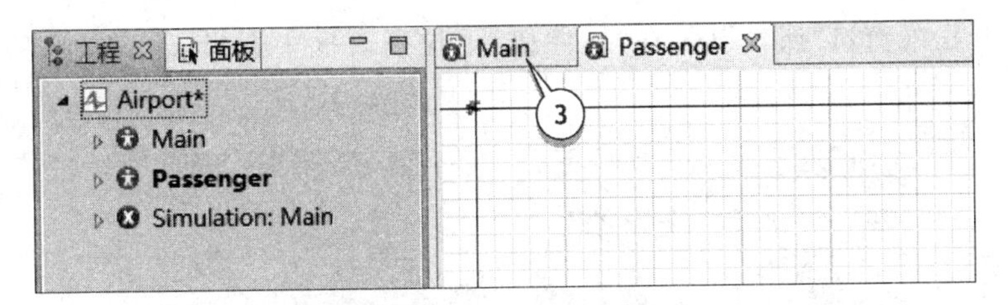

图 6-15 返回 Main 图表

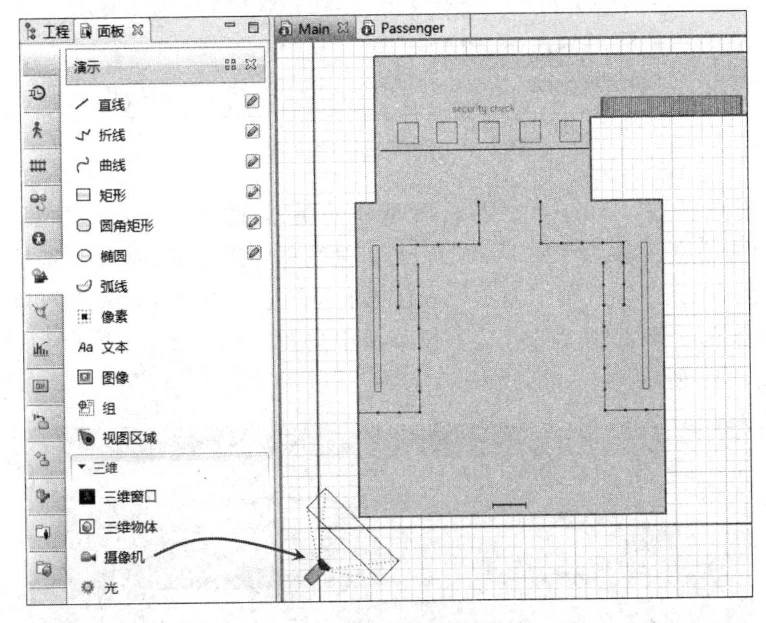

图 6-16 添加“摄像机”元素

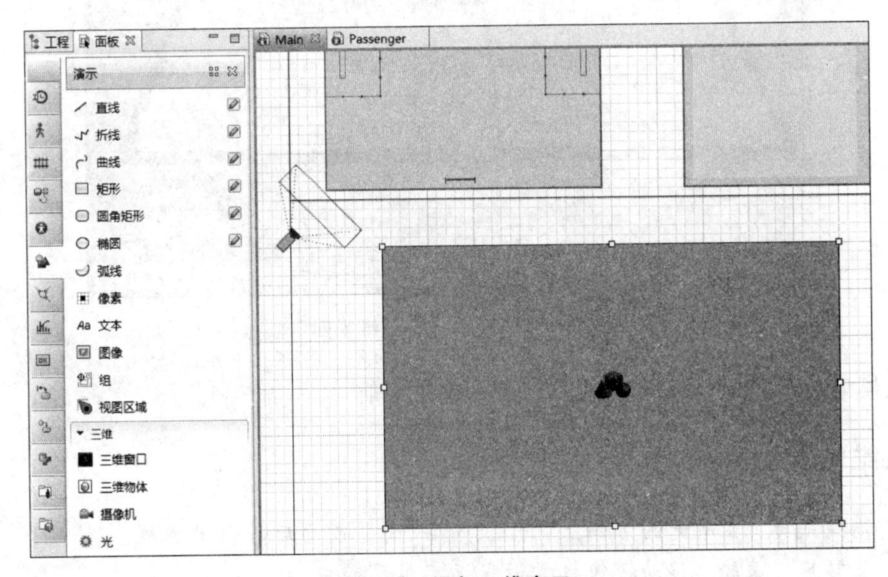

图 6-17 添加三维窗口

(6) 打开三维窗口"属性"区,在"摄像机"下拉列表框中选择 camera 选项,如图 6-18 所示。

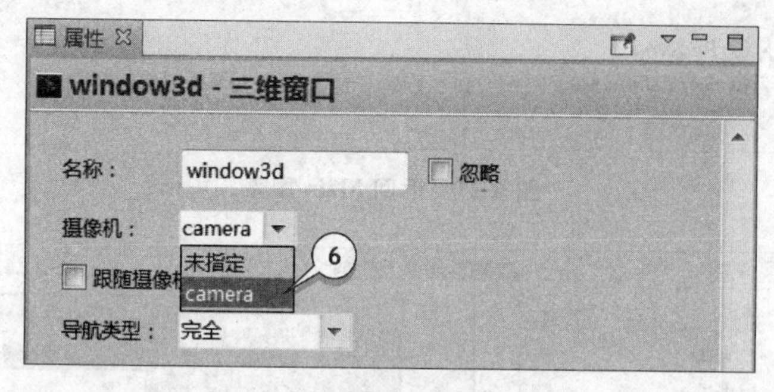

图 6-18　设置三维窗口属性

(7) 使流图模块 pedSource 生成模型中自定义的 Passenger 类型行人。打开 pedSource 模块的属性,从"行人"区的"新行人"列表框中选择 Passenger 选项。

(8) 运行模型。三维视图中显示行人在机场建筑中从入口移动到登机口。单击工具栏中的"导航到视图区域"按钮,从下拉菜单中选择[window3d]选项将视图切换到三维视图,如图 6-19 所示。

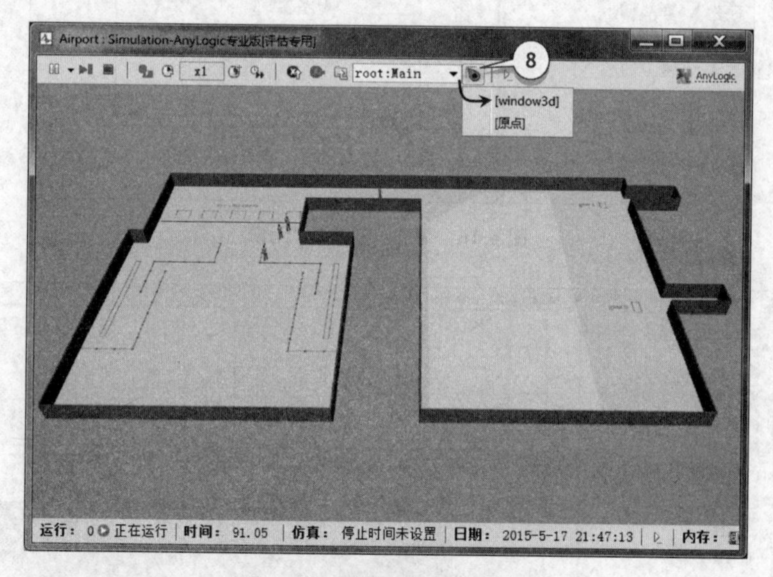

图 6-19　模型运行三维视图

在模型运行期间,可使用鼠标在三维场景中导航。

【在三维场景中导航】

- 拖曳鼠标:在所选的方向上,向左、向右、向前或向后移动摄像机。
- 旋转鼠标滚轮:移动摄像机靠近或远离屏幕的中心。
- 按住 Alt 键和鼠标左键拖曳鼠标:相对于摄像机旋转三维场景。

(9) 导航到最佳视图场景：在三维场景中右击，选择复制摄像机的位置。

(10) 关闭模型窗口，打开摄像机的属性，单击“从剪贴板粘贴坐标”按钮，可以应用在步骤(9)中所选择的摄像机的位置，如图 6-20 所示。

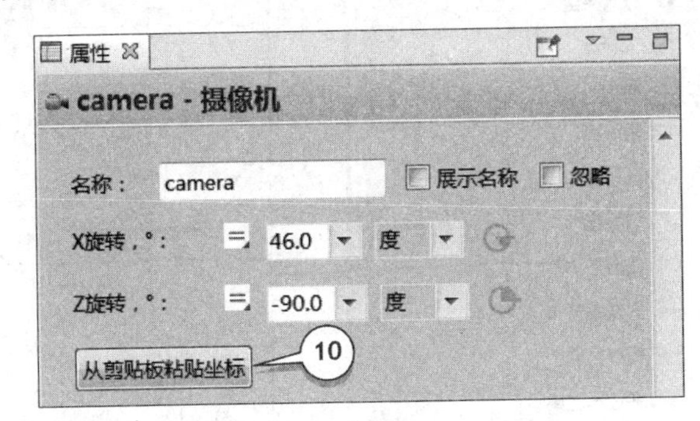

图 6-20 设置摄像机的位置

若不能定位摄像机，可以使用“工程”树来定位。摄像机位于机场 Main 智能体的“演示”分支。

(11) 在此运行模型，在新的摄像机视角下观察模型。

6.4 添加安检站

本阶段将在模型中添加安检站来模拟机场内部可能发生的事件过程，所有的安检都是服务。

【行人模型中的服务】

在行人流仿真中，服务是行人接受服务的对象，如入闸门、付款台、售票窗口、自动售票机等。若服务正在使用中，则其他行人将在队列线外等待，直到服务可用。

要通过两步定义模型中行人接受的服务。第一步是使用线服务和区域服务标记图形绘制行人模型的服务。

- 线服务：线服务标记图形定义了如入闸门或安检区域等服务。其中，行人将在队列线外等待，直到服务可用。
- 区域服务：区域服务标记元素定义了如售票处或银行等具有电子队列的服务。其中，行人将在隔壁办公区域等待，直到服务可用。

第二步绘制模型的服务后，在流图中添加行人库中的 pedService 模块，定义行人流逻辑。

在本示例模型中，将添加 5 个安检站，即在每个服务处添加 5 个服务和 5 个独立的队列。

(1) 将“线服务”元素从“行人库”面板中拖曳到机场布局中。默认设置下，一个线服务带有两个服务和两个指向服务的队列线，如图 6-21 所示。

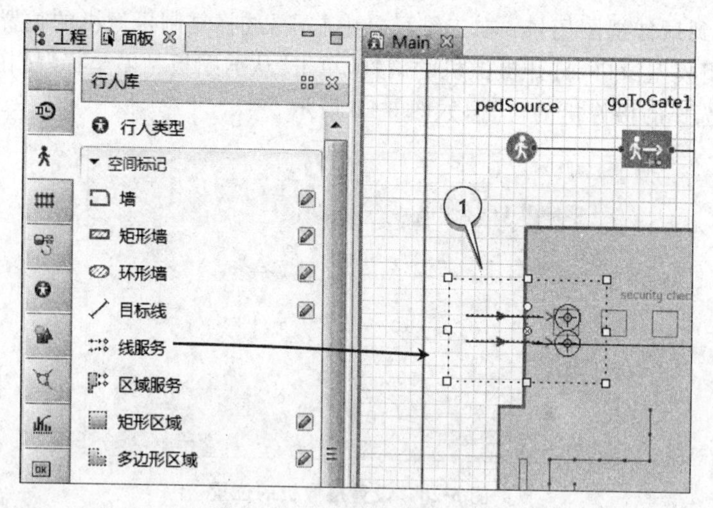

图 6-21　添加“线服务”元素

（2）打开“线服务”的属性区，在“名称”文本框中将该模块命名为 scpServices，scp 表示安检站，再将“服务类型”更改为“线性”，如图 6-22 所示。

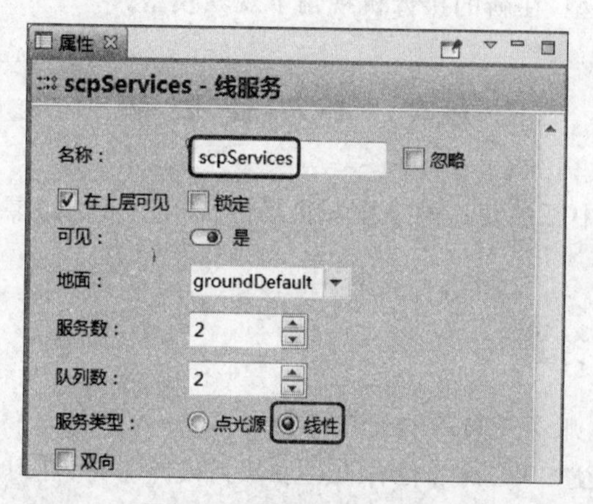

图 6-22　设置线服务属性

将服务类型从点光源更改为线性后，服务图形会从点变成线。

【行人模型中的线性服务和点光源服务】

行人服务可以是线性服务或点光源服务。

- 在线性服务中，行人从线的起始点向线的终点连续移动，如入闸门。
- 在点光源服务中，行人服务发生在一个指定的点，且在该点处行人需等待一定延迟时间，如售票窗口。

在本示例模型中，使用线性服务，以确保乘客沿着队列线移动，并通过安检站的金属探测器。更改线服务图形的位置，确保线服务线垂直地穿过表示金属探测器的空间区域。

(3) 使用图形中心上的圆柄旋转线服务图形，如图 6-23 所示。

(4) 以某种方式移动线服务图形，使其第一条线穿过表示金属探测器框的矩形，如图 6-24 所示。

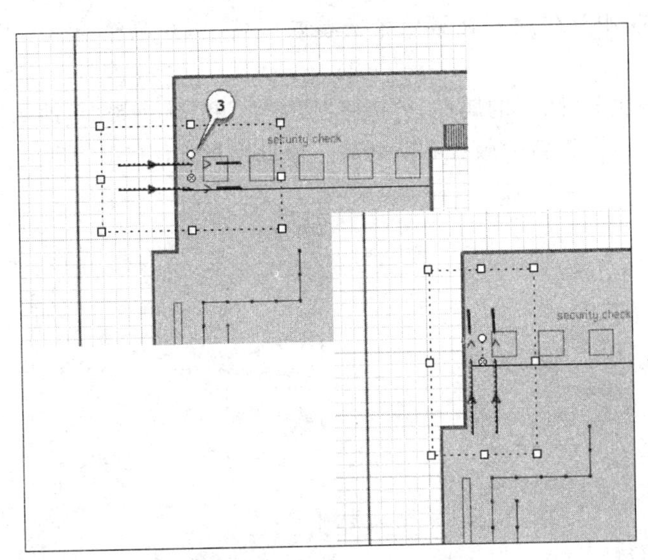

图 6-23 旋转线服务图形

【忽视网格移动元素】

若要移动元素，且使该元素不会与网格自动对齐。可通过按住 Alt 键移动该元素或使用工具栏中的“启用/禁用网格”按钮禁用网格实现。

(5) 选择下一条服务线，如图 6-25 所示。

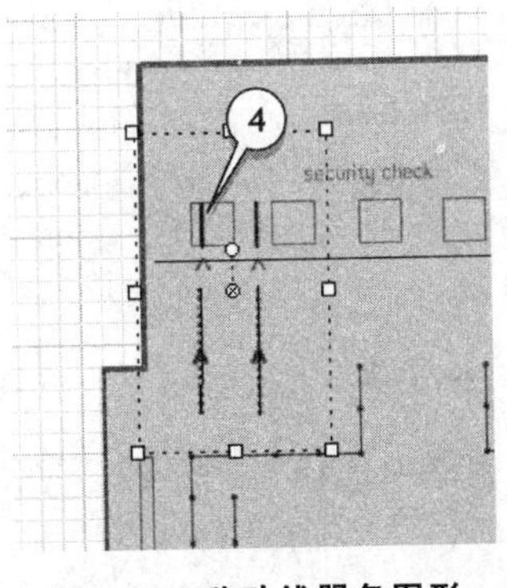

图 6-24 移动线服务图形

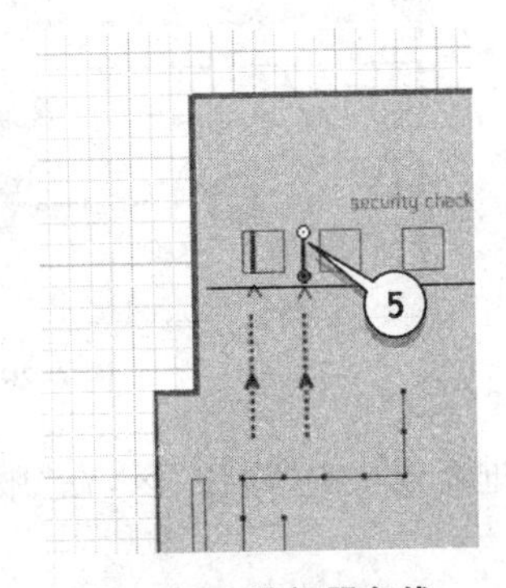

图 6-25 选择服务线

【复杂空间标记图形】

复杂空间标记图形由若干组件图形构成。例如，线服务图形由服务和队列线空间标记图形组成，区域服务图形由服务图形和多边形图形组成。

使用空间标记图形要注意以下事项：

- 第一次单击鼠标会选中整体复杂空间标记图形(线服务)。
- 选中复杂空间标记图形后，单击任意组件图形可以将其选中(服务或队列线)。

(6) 准确地将服务线放置在第二个安检站区域上，并调整与其对应的队列位置，如图 6-26 所示。

(7) 进入“线服务”图形的属性，分别将“服务数”和“队列数”更改为 5。

(8) 根据需要，调整新的服务和队列线。服务图形如图 6-27 所示。

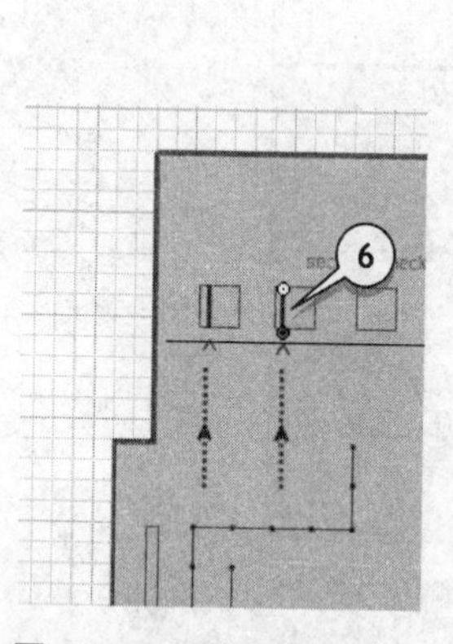

图 6-26　调节服务线位置

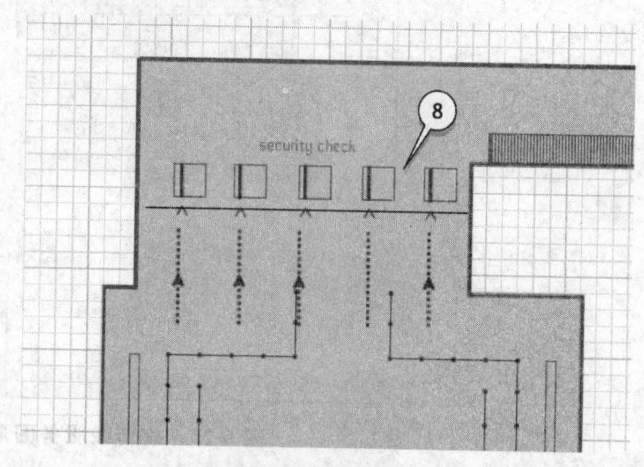

图 6-27　服务图形

完成服务的绘制后，将其添加到模型的逻辑中。使用“行人库”中的 PedService 模块模拟行人如何通过安检站服务。

(9) 在流图的 PedSource 模块和 PedGoTo 模块之间添加 pedService 模块，并将其命名为 securityCheck，模拟行人通过定义的线性图形服务，如图 6-28 所示。

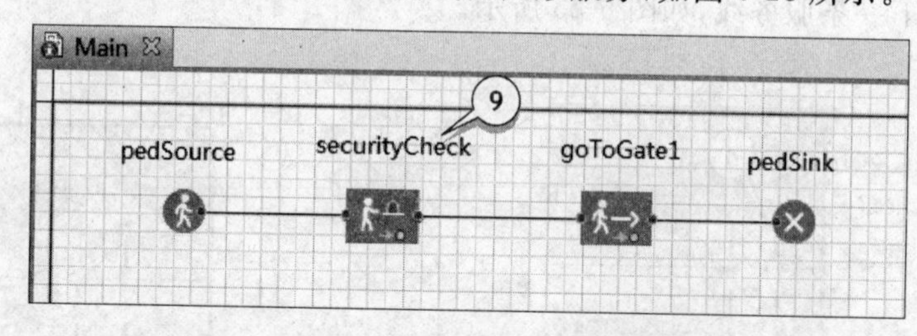

图 6-28　添加 pedService 模块

(10) 进入模块的“属性”区，在“服务”下拉列表框中选择 scpServices 选项，如图 6-29 所示。

(11) 模型中使行人在 1～2 分钟之内通过安检站，因此在“延迟时间”文本框中输入 uniform(1,2)，在后面的下拉列表框中选择“分钟”选项。

(12) 添加安检站的三维模型。通过“三维物体”面板“机场”区的金属探测器和 X 射线扫描仪元素绘制 5 个安检站。将 X 射线扫描仪的图形“比例”更改为 75%，如图 6-30 所示。

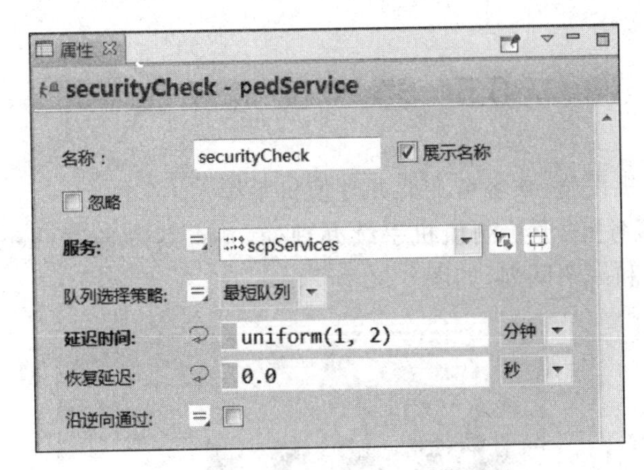

图 6-29 设置 pedService 模块属性

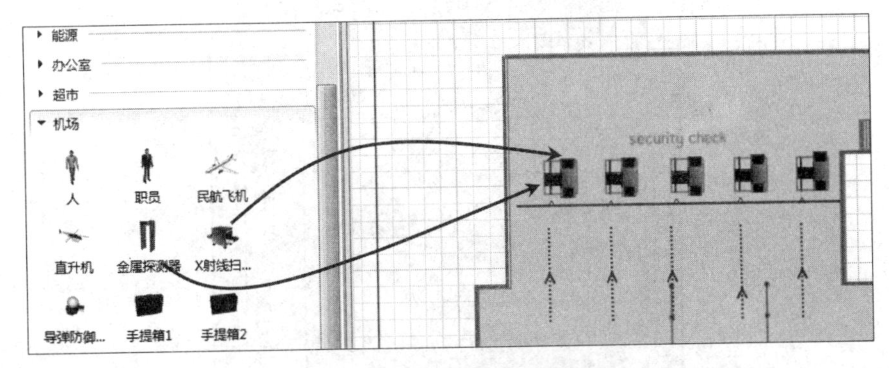

图 6-30 添加安检站三维模型

(13) 运行模型。三维视图中显示乘客在安检站接受检查，如图 6-31 所示。

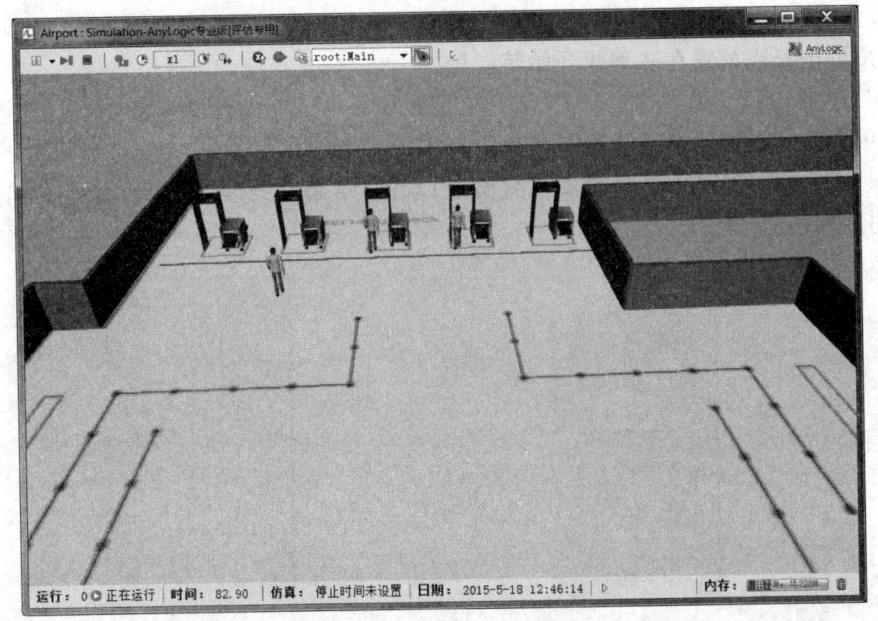

图 6-31 模型运行三维视图

6.5 添加值机设施

模拟机场的值机设施，乘客可在此办理值机手续。

(1) 使用“线服务”图形绘制值机手续办理处，并将其命名为 checkInServices。在此处需要 4 个服务点和一个队列，如图 6-32 所示。

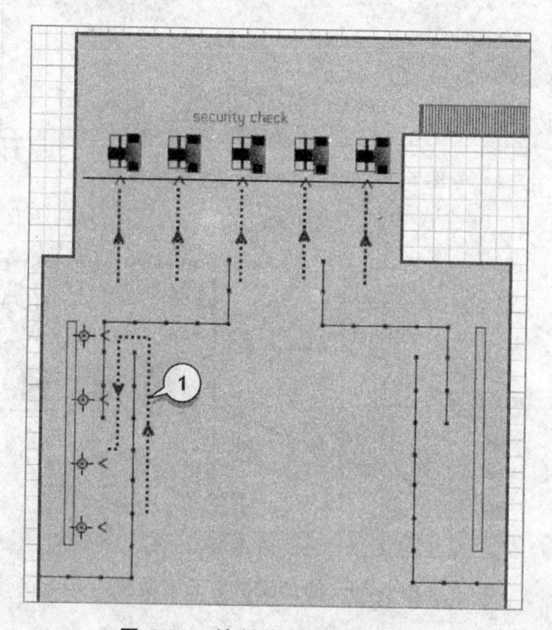

图 6-32 绘制值和手续办理处

(2) 将该图形放置在图 6-33 所示的位置，并绘制队列线。移动队列线到所需位置后，将图形的终点放置在队列线开始转向处。

(3) 在队列线上添加多个突出点。右击队列线，从弹出的快捷菜单中选择“添加点”选项，单击队列线的终点继续绘制队列线。

(4) 单击，在队列线中添加多个突出点；双击，结束队列线的绘制，最终得到图 6-34 所示的队列线。

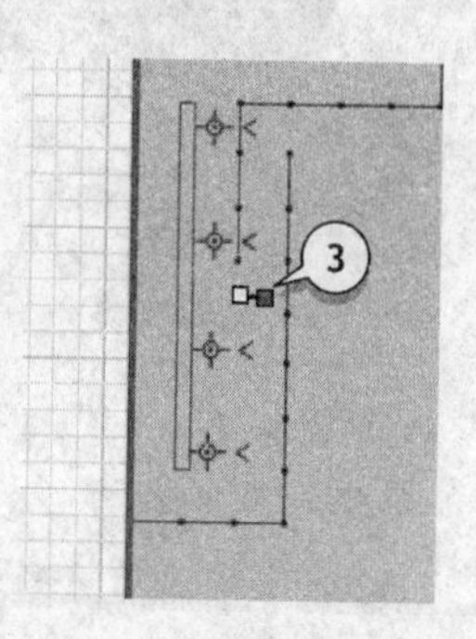

图 6-33 绘制队列线

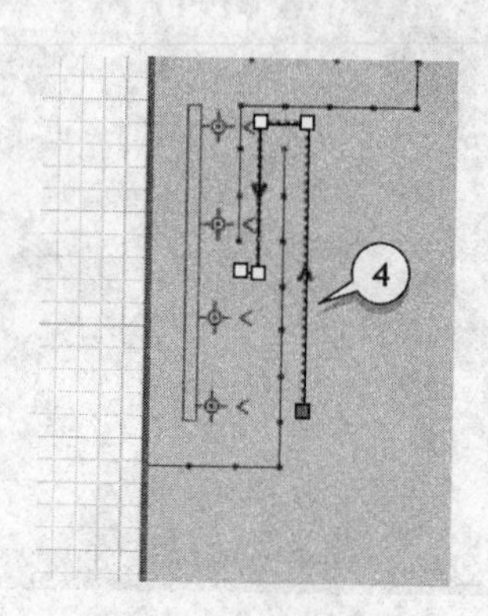

图 6-34 队列线图形

(5) 再添加一个 pedService 模块,将其命名为 checkInAtCounter,如图 6-35 所示。

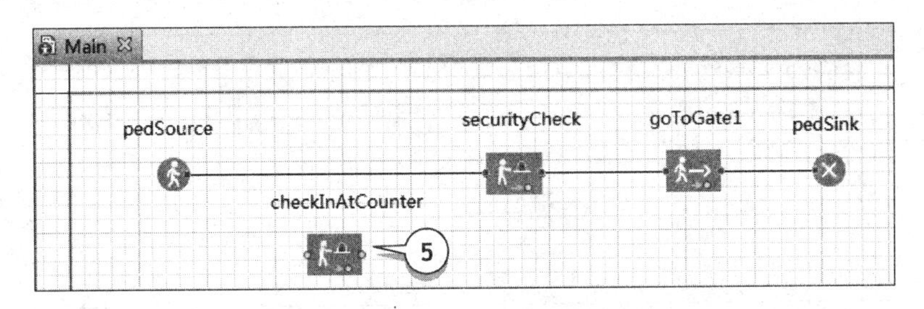

图 6-35　添加 pedService 模块

(6) 在该模块属性区的"服务"下拉列表框中,选择标记图形 checkInServices 选项,如图 6-36 所示。

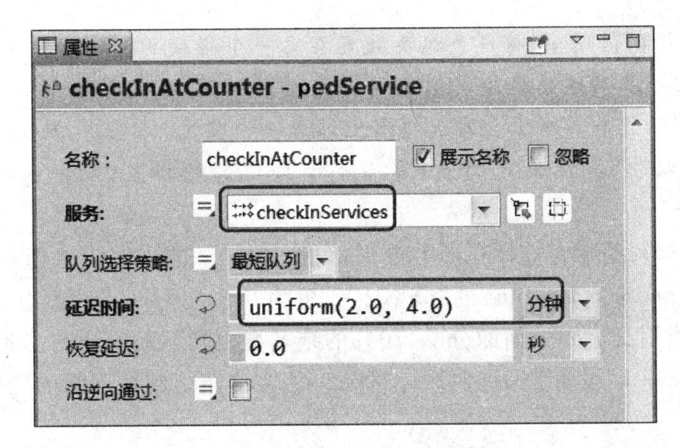

图 6-36　设置 pedService 模块属性

(7) 假设办理值机的时间为 2～4 分钟,在该模块的"延迟时间"文本框中输入 uniform(2,4),在后面的下拉列表框中选择"分钟"选项。

(8) 添加 pedSelectOutput 模块,将乘客指引到不同的流图分支,如图 6-37 所示。

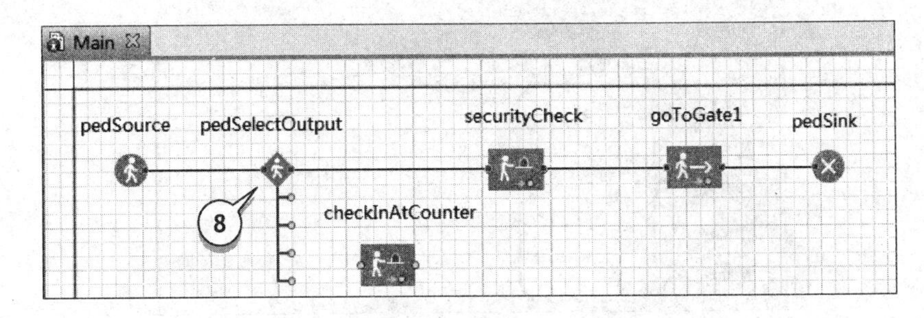

图 6-37　pedSelectOutput 模块

(9) 如图 6-38 所示,将 checkInAtCounter 模块连接到当前的流图模块中。

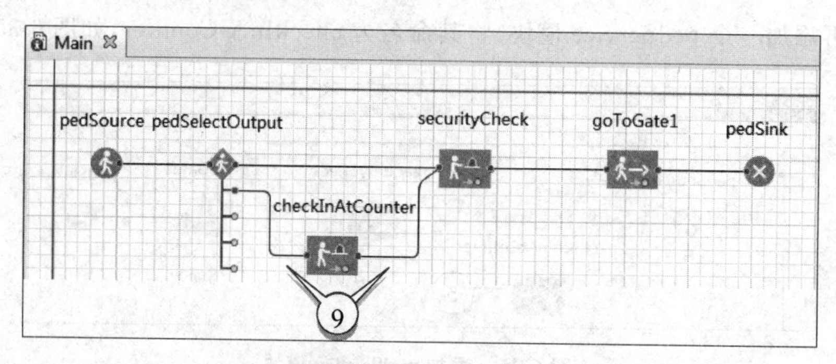

图 6-38　连接 checkInAtCounter 模块

【绘制连接线】

在 AnyLogic 的流图中，将一个模块放置在另一个模块附近，可将其自动连接，用户也可以通过连接线手动连接模块。双击第一个模块的端口，再单击另一个模块的端口，即可实现连接线的绘制。若需要在连接线上添加一个角度，单击进行添加。连接线绘制完成后，在其上双击，拖曳出现的点，可添加连接线的转折点，双击转折点，则会将其移除。

(10) 假设 30%的乘客选择在网上办理值机，而 70%的乘客将在柜台办理值机。为模拟该行为，将 pedSelectOutput 的"概率 1"设置为 0.3，"概率 2"设置为 0.7。该设置会将 30%的乘客指引到流图上面的分支，70%的乘客指引到下面的分支。此外，需将"概率 3""概率 4"和"概率 5"设置为 0，避免 AnyLogic 将乘客指引到最下面的三个输出端口，如图 6-39 所示。

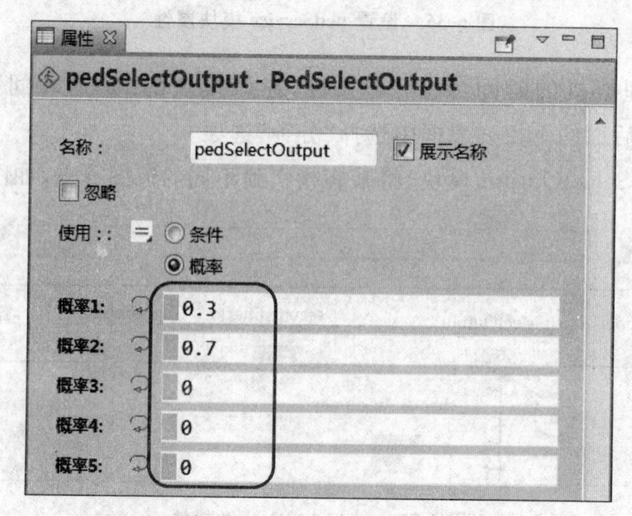

图 6-39　设置乘客不同值和方式的选择概率

(11) 将备用的三维模型添加到值机区域。在"三维物体"选项卡中，展开"人"区，分别将职员和女人 2 的两个副本添加到图表，如图 6-40 所示。

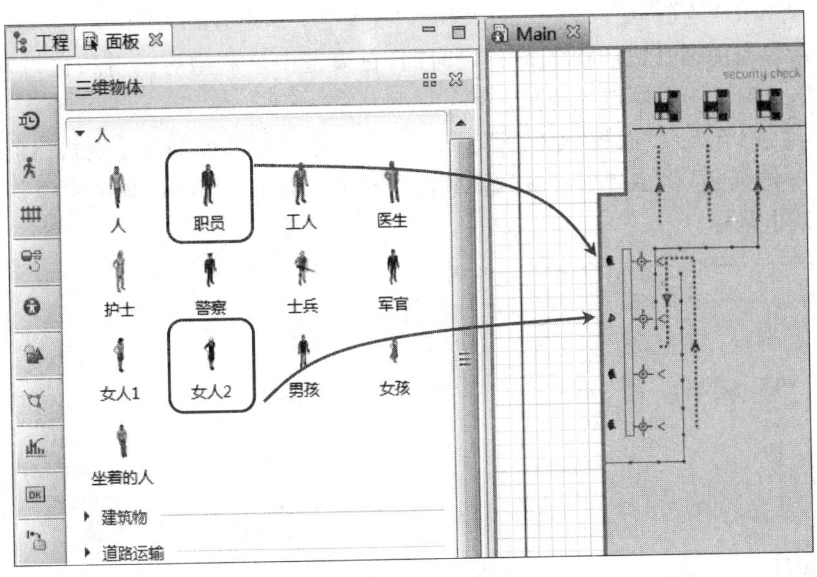

图 6-40 添加三维物体

(12) 在"三维物体"面板选项卡的"办公室"区,将 4 个桌子对象的副本拖曳到图表,如图 6-41 所示。由于桌子没有正确地面向服务点,在其"属性"的"位置"区,将"Z 旋转"设置为 90°。

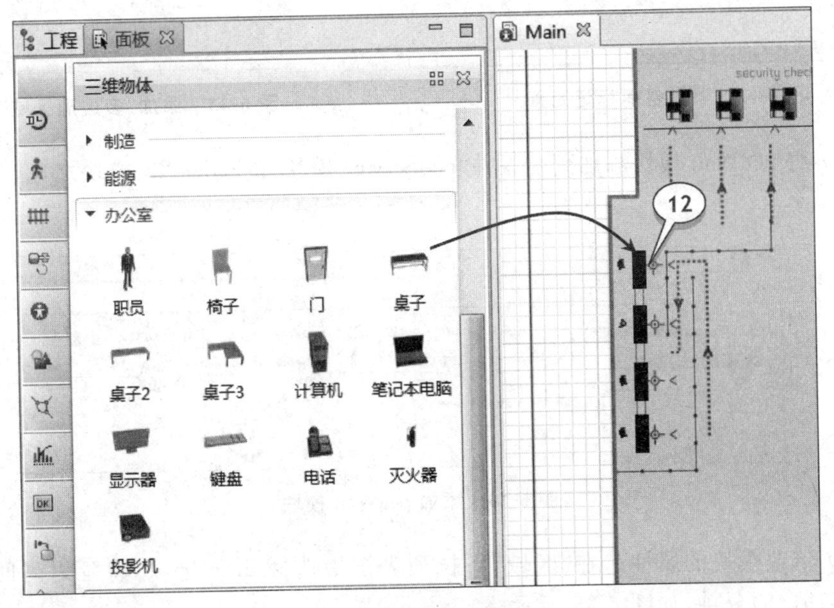

图 6-41 添加三维物体

(13) 运行模型。视图显示一些乘客办理值机,然后进过金属探测器。

然后,在模型中添加障碍带,障碍带通常位于乘客办理值机的区域。

(14) 使用"墙"空间标记元素绘制两条障碍带,如图 6-42 所示。

(15) 将墙的“颜色”更改为 dodgerBlue，“线宽”为 1，Z 为 5，“Z-高度”为 5。

要使乘客在前往登机门前等待一段时间，在模型中绘制乘客的等待区域，并将模块 PedWait 添加到流图中模拟等待的过程。

(16) 通过“行人库”面板“空间标记”区的“多边形区域”，绘制位于登机门前的等待区域。如图 6-43 所示，将多边形区域切换到绘图模式绘制等待区域，单击可添加折点。绘制完成后双击鼠标。

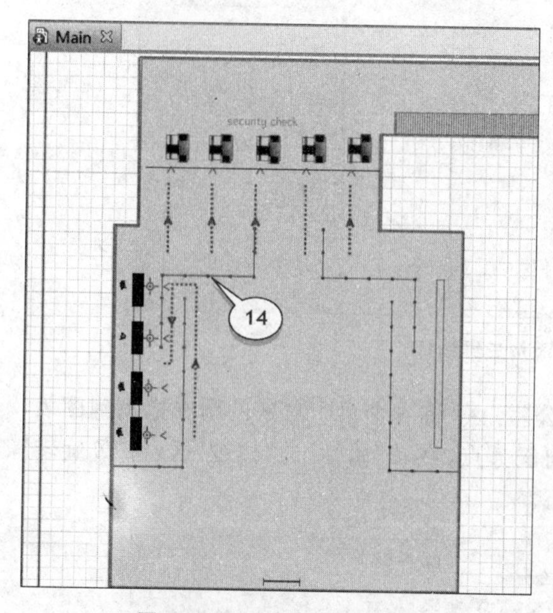

图 6-42 添加空间标记元素

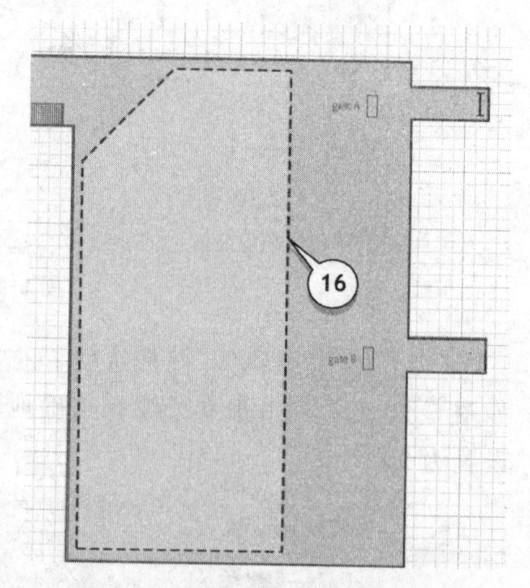

图 6-43 添加“多边形区域”元素

(17) 将 pedWait 模块添加到流图中 pedService 模块和 PedGoTo 模块之间，如图 6-44 所示。

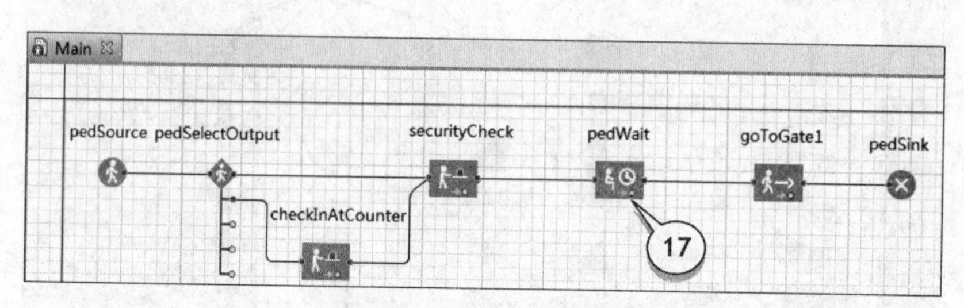

图 6-44 添加 pedWait 模块

(18) 修改模块的属性。在“区域”下拉列表框中选择 area 选项，将延迟时间设置为 uniform(15,45)分钟，如图 6-45 所示。

(19) 再次运行模型。三维视图显示乘客避开障碍带移动，且在登机前在等待区内，如图 6-46 所示。

可在机场布局的右侧添加更多的值机设施，并设置 pedSelectOutput 将行人流指引到更多的分支。

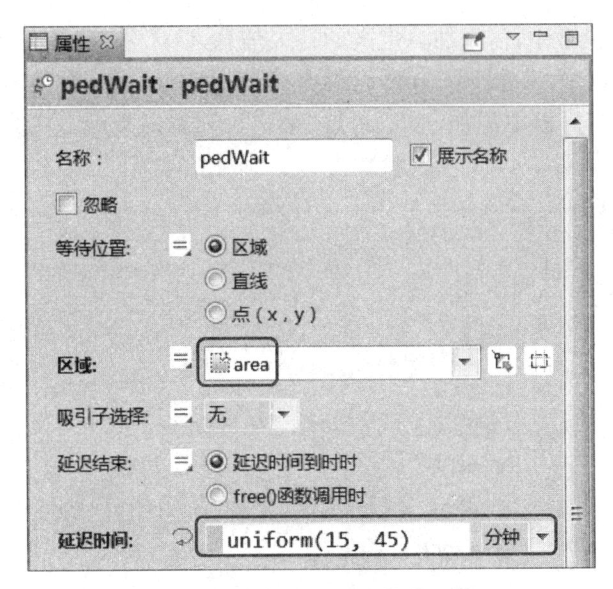

图 6-45　设置 pedWait 模块属性

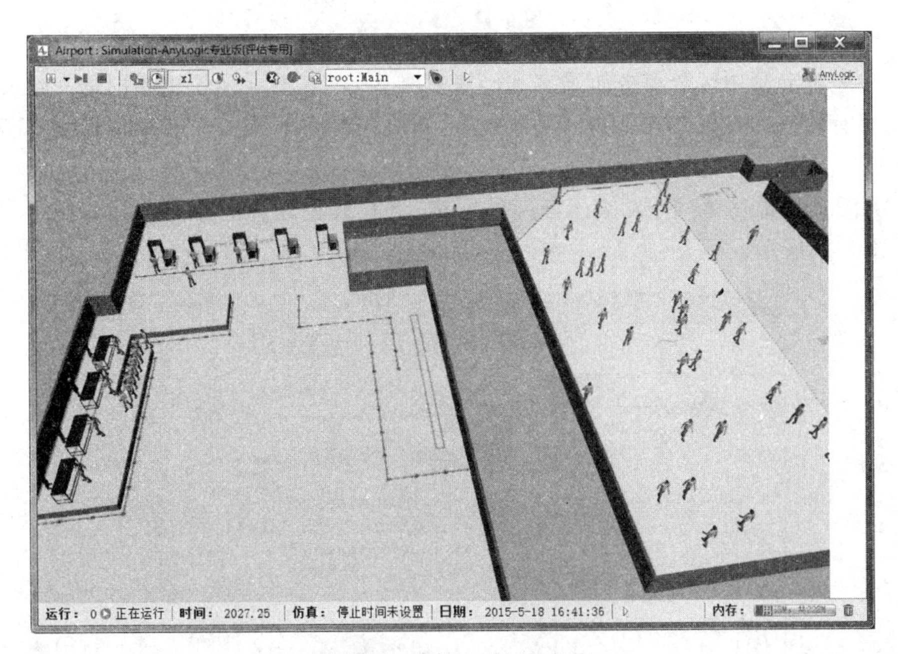

图 6-46　模型运行三维视图

如何模拟自动值机机？

6.6　定义登机逻辑

本阶段将模拟机场登机门处进行的流程。乘客在登机之前，必须经过机票检查点。排队队列有两列，一列供商务舱乘客使用，且商务舱乘客能够优先接受服务；另一列供经济舱乘客使用。在模型中,需添加自定义的行人信息,以区分商务舱乘客和经济舱乘客。

(1) 在"工程"树中,双击 Passenger 项,打开 Passenger 智能体类图表。

(2) 从"智能体"面板中添加一个"参数"来定义乘客的类型。将其命名为 business,"类型"为 Boolean,如图 6-47 所示。参数为 true 时乘客类型为经济舱乘客;参数为 false 时,乘客为商务舱乘客。

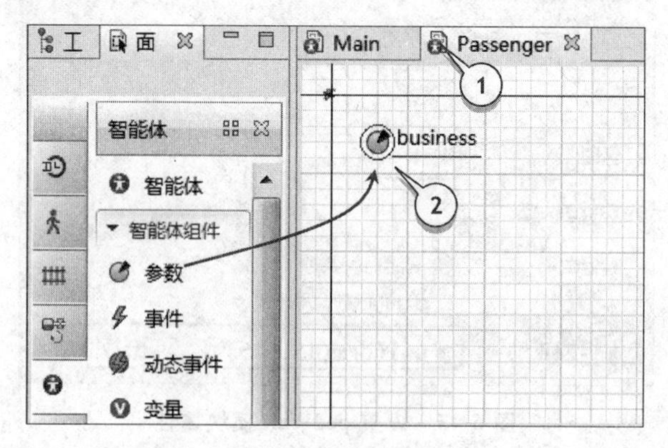

图 6-47 添加参数

为在三维动画中区分商务舱乘客和经济舱乘客,对两类乘客使用不同的三维动画模型。将现有的三维对象人表示为经济舱乘客,再在模型中添加一个三维图形表示商务舱乘客。

(3) 添加三维物体"职员"表示商务舱乘客,将其放置在轴的原点(0,0),图形人的上面,如图 6-48 所示。

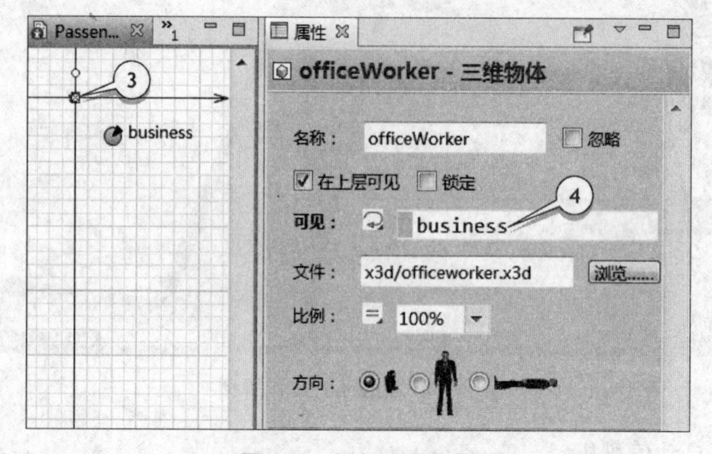

图 6-48 添加三维物体

(4) 更改这些对象的"可见"。首先,单击职员图形。要使该图形只在乘客是商务舱乘客时可见,即当 business 参数为 true 时可见,单击"可见"标签右侧的=图标,切换到将"可见"属性的动态值编辑器,在文本框中输入 business。

(5) 选择三维对象人(可在"工程"树中选择),将"可见"设置为"!Business"。此图形将只在乘客是经济舱乘客时可见,如图 6-49 所示。

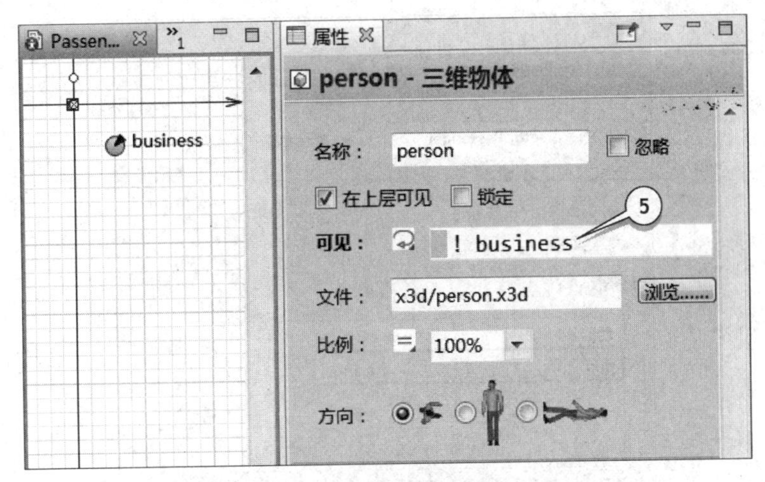

图 6-49 设置三维物体属性

注意：符号"!"是布尔操作数非。表达式"!business"在 business 非真时返回 true，此时，乘客不是商务舱乘客，而是经济舱乘客。

在乘客到达机场时设置乘客的类型。

(6) 返回到 Main 图表，从"智能体"面板中添加一个"函数"，将其命名为 setupPassenger，如图 6-50 所示。

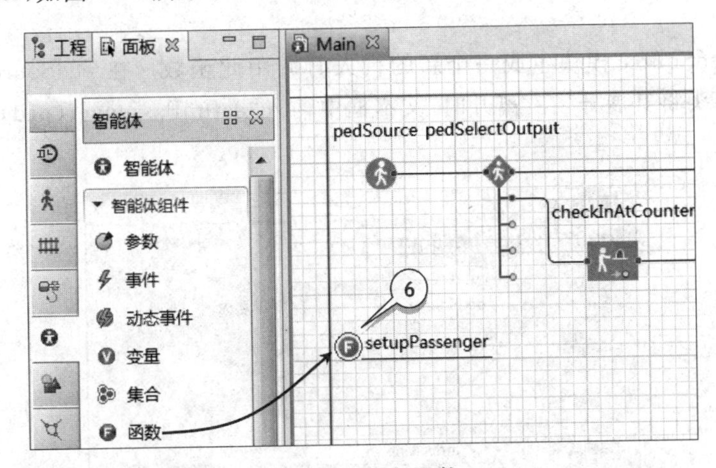

图 6-50 添加函数

(7) 按下列操作设置该函数，如图 6-51 所示。

① 创建一个参数，使新创建的乘客通过该函数。

函数名称为 ped。

函数类型为 Passenger。

② 函数体中的代码定义了商务舱乘客在模型中出现的频率，如图 6-51 所示。

在本案例模型中，ped 是函数的参数，类型是 Passenger。将参数类型设置为 Passenger 后，可通过 ped. business 直接访问自定义的行人区域 business。函数 randomTrue(0.15)以平均 15%的概率返回真值，这表示模型中由平均 15%的乘客为商

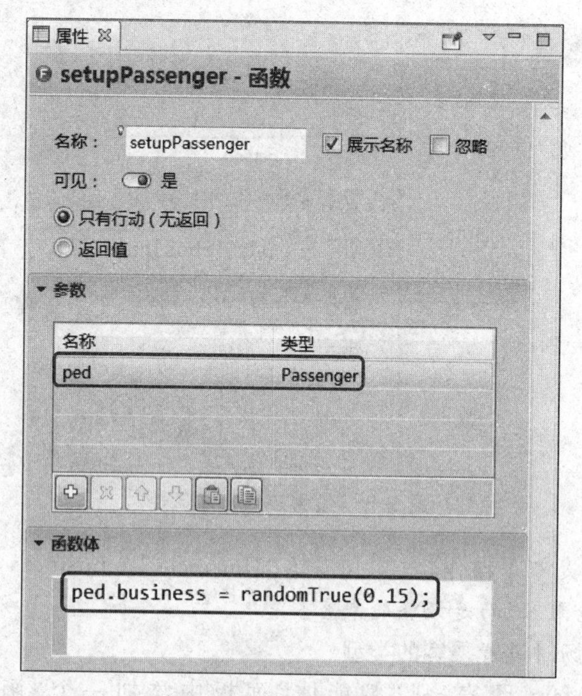

图 6-51 设置函数属性

务舱乘客。

(8) 当 pedSource 模块生成一个新的行人时调用此函数。在 pedSource 属性区，单击“行动”区箭头将其展开，在“离开时”文本框中输入“setupPassenger(ped);”，如图 6-52 所示。

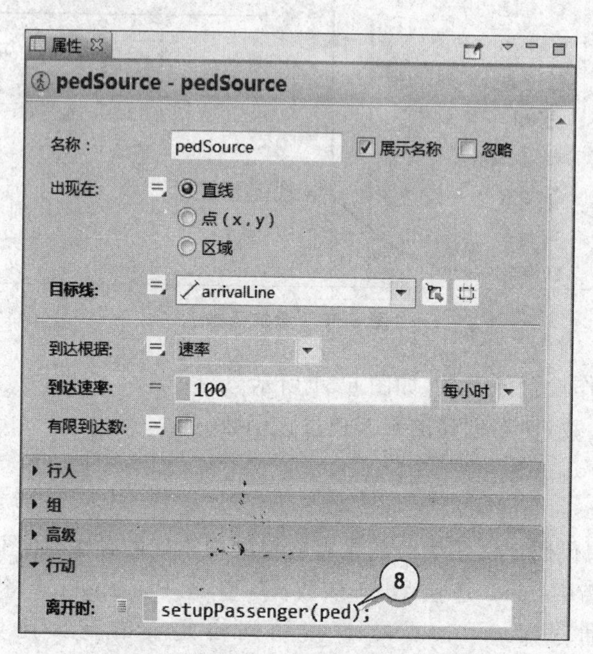

图 6-52 设置 pedSource 模块行动函数

在此对新创建的行人调用函数 setupPassenger，通过行人的参数转递给其函数。

在上面的登机门处绘制两个线服务，一个是商务舱乘客线服务；另一个是经济舱乘客线服务。

(9) 绘制线服务，定义优先队列线（点服务，服务数为 1，队列数为 1），将其命名为 business1，如图 6-53 所示。

(10) 添加另一个线服务，将其命名为 economy1，如图 6-54 所示。

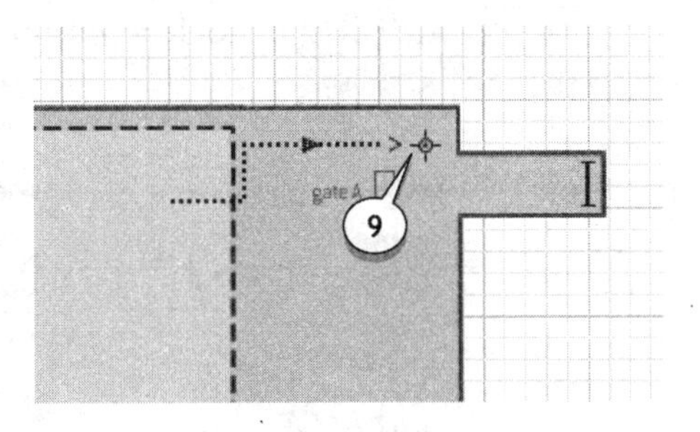

图 6-53 绘制线服务 1

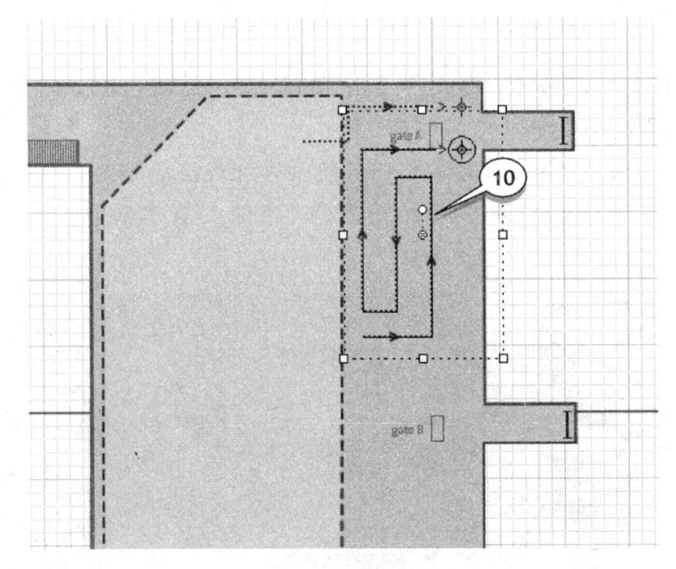

图 6-54 绘制线服务 2

(11) 使用“矩形墙”元素在登机门处绘制一个区域，在该区域添加一个桌子和两个女人三维模型，如图 6-55 所示。

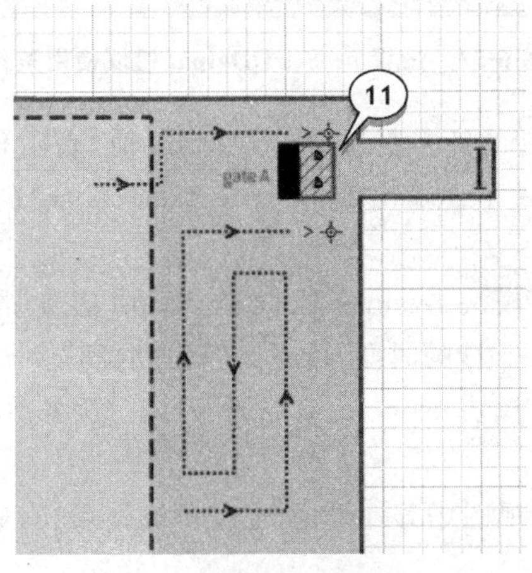

图 6-55 添加“矩形墙”元素

将该模块插入到流图的 pedWait 模块和 goToGate1 模块之间。

(12) 在流图中添加 pedSelectOutput 模块，将商务舱乘客和经济舱乘客指引到不同的队列线，如图 6-56 所示。

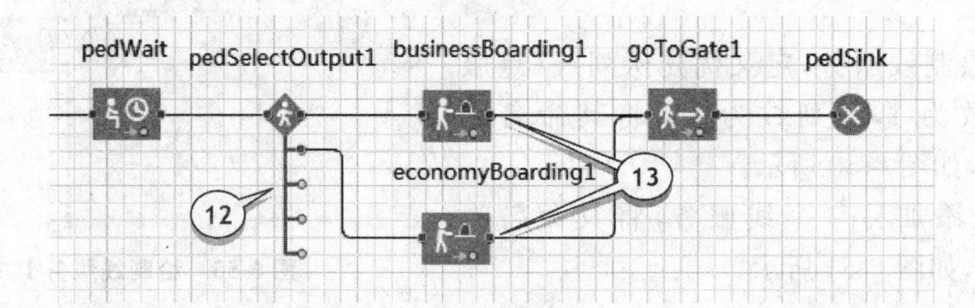

图 6-56 添加 pedSelectOutput 模块

(13) 添加两个 pedService 模块：businessBoarding1 和 economyBoarding1，模拟登机门处的乘客机票检查流程。

(14) 为使 pedSelectOutput 模块将商务舱乘客和经济舱乘客指引到不同的队列线，在"使用"下拉列表框中选择"条件"单选按钮，在"条件 1"文本框中输入 ped. business，如图 6-57 所示。

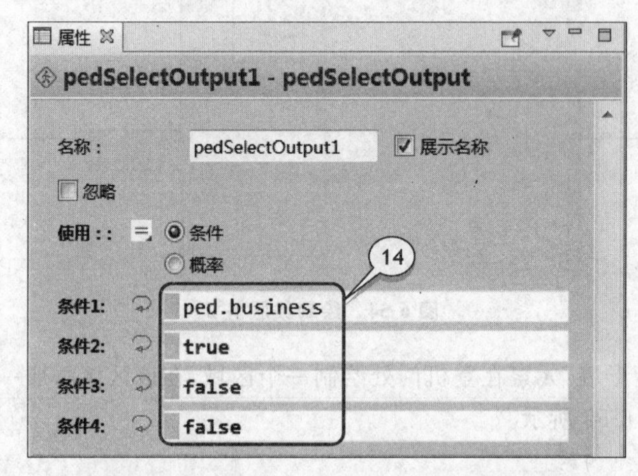

图 6-57 设置 pedSelectOutput 模块使用条件

(15) 该表达式对所有的商务舱乘客返回 true 值，表示他们将进入上面的流图分支——优先队列。完成模块下面输出端口(true、false、false)的设置后，模型将指引其他乘客进入第二个输出端口。

(16) 对于 PedService 模块 businessBoarding1，在"服务"中选择 business1。由于检查一位乘客的机票需要 2～5 秒的时间，可更改"延迟时间"。

(17) 对于 PedService 模块 economyBoarding1，在"服务"中选择 economy1，更改"延迟时间"。

(18) 运行模型。三维视图中显示乘客通过安检站后，只有少数乘客进入优先队列线，如图 6-58 所示。

图 6-58　模型运行三维视图

6.7　从 Excel 表中设置航班

本阶段将根据存储在数据库中的时间表模拟飞机在指定时间的起飞流程。首先，创建一个 Flight 智能体类型存储模型中的飞行信息。

(1) 添加新 Flight 智能体类型的空智能体群，将“智能体”元素从“智能体”面板拖曳到 Main 图表，如图 6-59 所示。

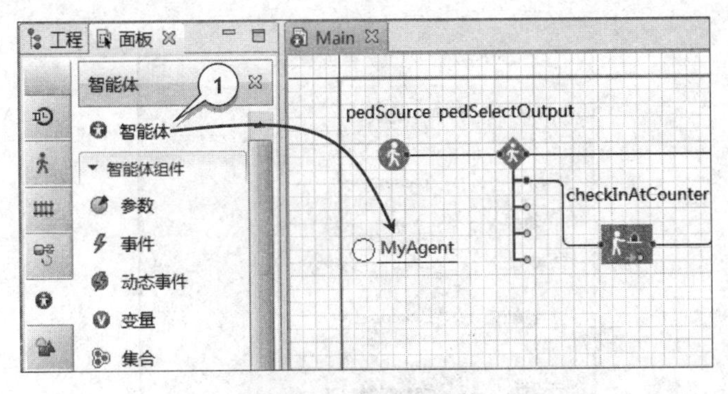

图 6-59　添加智能体

(2) 在“新建智能体”向导中,进行如下操作:

① 选择“智能体群”。

② 选择“我想创建新的智能体类型”选项,单击“下一步”按钮。

③ 将“新类型的名称”指定为 Flight。“智能体群名”将自动显示为 flights,单击“下一步”按钮。

④ 由于不需要模拟航班动画,故在“选择动画”中选择“无”,单击“下一步”按钮。

⑤ 略过参数创建步骤,单击“下一步”按钮。

⑥ 选择“创建初始为空的群”,使用户能够通过编写程序从数据库调入航班数据。

⑦ 单击“完成”按钮。

(3) 在“工程”视图中,双击 Flight 打开其图表。在 Flight 图表中,创建三个不同的参数类型以存储航班的起飞时间、目的地和登机门号。

① departureTime:在“类型”下拉列表框中,选择“其他”选项,在右侧的文本框中输入 Date,如图 6-60 所示。

图 6-60 设置参数类型

② destination:在“类型”列表中,选择 String 选项。

③ gate:在“类型”下拉列表框中,选择 int 选项。

(4) 从“智能体”面板中添加一个 Collection,将其命名为 passengers,并将集合类设置为 LinkedList,元素类设置为 Passenger,如图 6-61 所示。此集合将存储已经购买了机票的乘客列表。

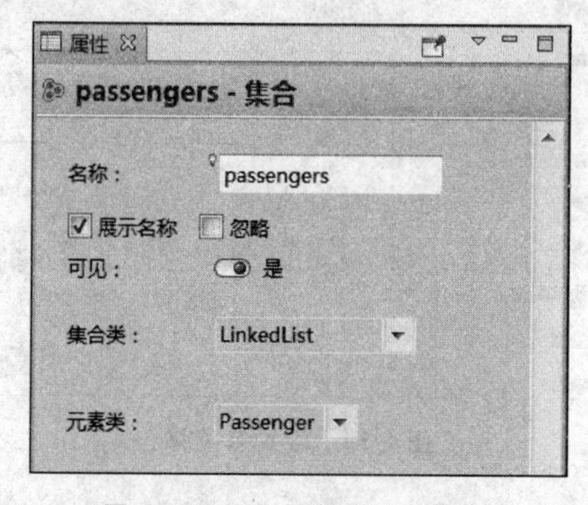

图 6-61 添加并设置集合属性

【集合】

集合定义数据对象，将多个元素组合成一个单元来存储、检索及操作集合数据，通常表示形成自然组的数据项。

(5) 智能体类型 Flight 已经创建完成，再在 Passenger 图表中添加一个 flight 参数，并将该参数的“类型”设置为 Flight。此参数用于存储乘客的航班，如图 6-62 所示。

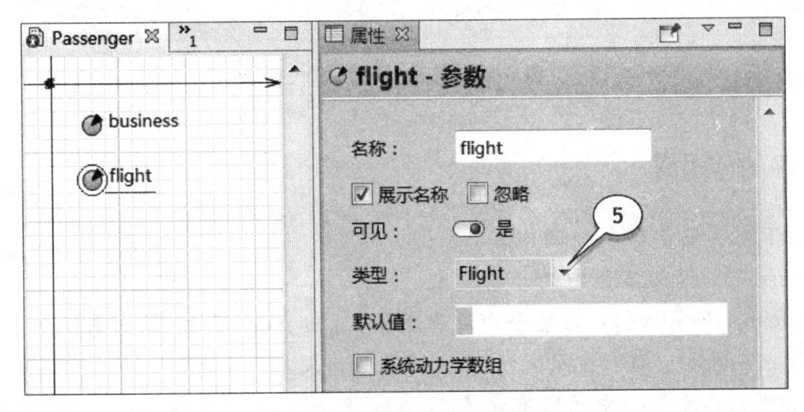

图 6-62 添加并设置参数类型

(6) 返回到 Main 图表，添加一个参数来定义登记时间。将该参数命名为 boardingTime，并将其“类型”设置为“时间”，“单位”设置为“分钟”，“默认值”设置为 40，如图 6-63 所示。

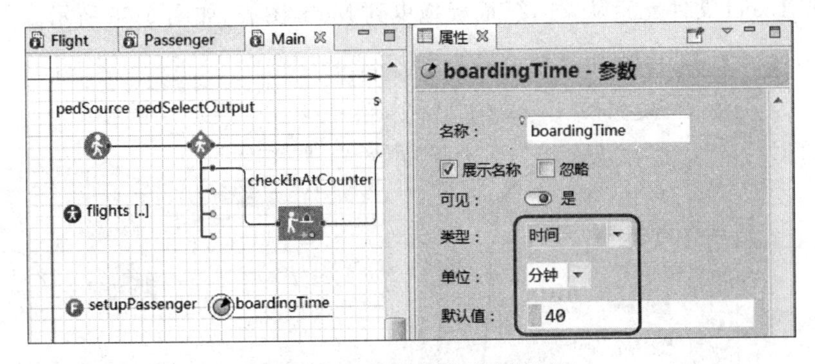

图 6-63 添加参数并设置其属性

(7) 选择已创建的函数 setupPassenger 完成设置过程。该函数使用 random() 函数随机从可用航班列表中选择乘客将要搭乘的航班。航班信息存储于乘客的 flight 参数中，AnyLogic 将搭乘同一航班的乘客添加到一个乘客集合中。修改“函数体”中的代码，如图 6-64 所示。

函数 dateToTime() 将所给数据转化为关于开始日期和模型时间单元设置的模型时间。函数 add() 可将元素添加到集合中。

▾ 函数体

```
ped.business = randomTrue(0.15);
Flight f;

do
{ f=flights.random(); }
while (dateToTime(f.departureTime) - boardingTime < time() );

ped.flight = f;
f.passengers.add(ped);
```

图 6-64 修改"函数体"代码

【集合内容的应用】

可使用下列函数管理集合的内容：

- int size()：返回集合中的元素个数。
- boolean isEmpty()：若集合中没有元素，返回 true；反之，返回 false。
- add(element)：将指定的元素附加到集合的末尾。
- clear()：移除集合中的所有元素。
- get(int index)：返回集合中处于某一指定位置的元素。
- boolean remove(element)：若某一指定元素存在，则将其从集合中移除。若列表中包含该元素则返回 true。
- boolean contains(element)：若集合汇总包含某一指定的元素，则返回 true。

(8) 将 Excel 文件元素从"连接"面板拖曳到 Main 图表，如图 6-65 所示。

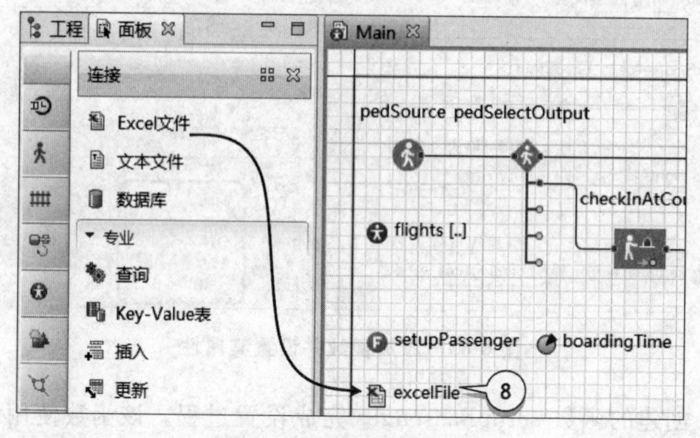

图 6-65 添加文本文件

【"连接"面板】

"连接"面板中包含一组能够访问外部数据的简单易用工具。

Excel 文件：访问 Excel 文件(. xsl、. xslx)。使用软件提供的应用程序接口可将数据读写到文件中。

文本文件：通过元素的函数，可将数据读写到文本文件。

数据库：连接到常用的数据库，如 Microsoft Access 和 Microsoft SQL Server 等，或连接到其他供应商数据库。

AnyLogic 专业版软件提供了一组利用数据库简化用户工作的工具，支持用户利用软件的可视化特性创建常用的 SQL 查询。用户可通过创建自己的 SQL 查询以及使用数据库应用程序接口执行相同的任务。

查询：用智能体填充智能体群，智能体的属性从表中读取。

Key-Value 表：载入数据库的<key,value>表，并允许用户访问。

插入：在表中插入一行。

更新：更新表中的一行，该行由键指定。

(9) 打开 excelFile 属性，单击"浏览"按钮，添加 Flights. xlsx 文件。可从路径 AnyLogic folder/resources/AnyLogic in 3 days/Airport 选择该文件，如图 6-66 所示。

图 6-66　添加文件

从 Excel 文件中读取数据设置航班，并使用一个行动图定义该算法。

【行动图】

- 复杂仿真建模需要通过算法执行数据处理和计算。AnyLogic 支持行动图——结构化模块图以类似于结构化程序设计的形式图形化地定义算法。
- 现使用著名的 Dijkstra 扩展方法将算法分为部分具有单一入口点的分段。它使用足以表达任意计算机算法的队列、选择和迭代三种方法相结合的编程模式。这种设计减少了对算法的理解，而可以充分理解算法的每个结构。
- 行动图非常实用，即使用户不熟悉 Java 编程的语法，也可以通过它们定义算法。
- 行动图可视化地定义函数，但用户也可以使用标准的 AnyLogic 函数。此外，行动图还向用户可视化地展示实现的算法，有助于其他用户对算法的理解。

(10) 打开"行动图"面板，将"行动图"元素拖曳到 Main 图表，放置在 Y 轴左侧，并将其命名为 setupFlights，如图 6-67 所示。由于行动图不能返回数据且没有参数，因此无须更改该元素的默认设置。

(11) 添加局部变量。为插入一个模块，将其拖曳到行动图上，当 AnyLogic 用蓝绿色高亮显示该插入的占位符时释放鼠标按钮，如图 6-68 所示。

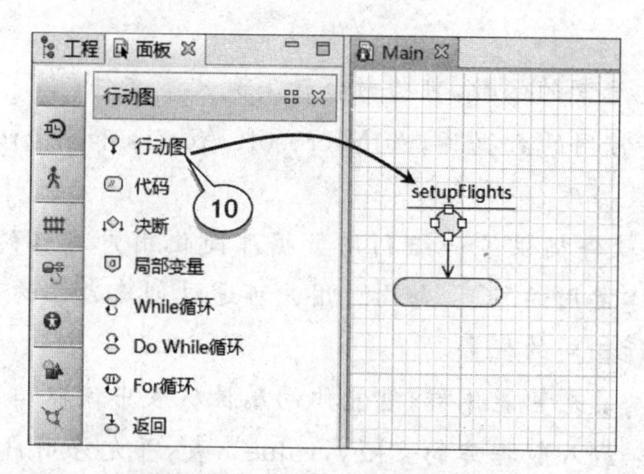

图 6-67　添加“行动图”元素

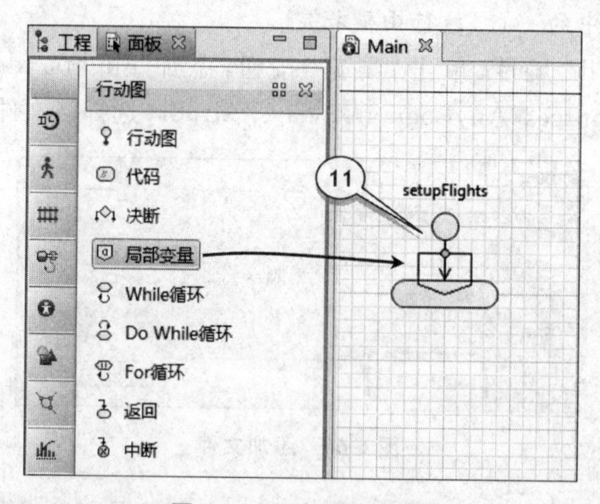

图 6-68　添加局部变量

(12) 通过该局部变量存储 Excel 文件的工作表名称，如图 6-69 所示。

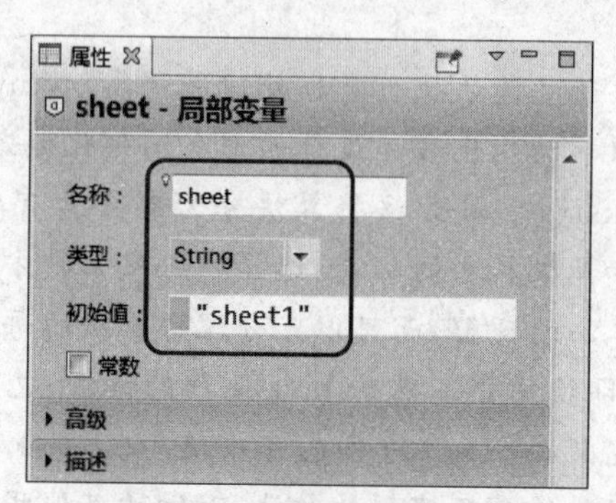

图 6-69　设置局部变量属性

【使用 for 循环在智能体群中迭代】

for 循环的两种形式是使 AnyLogic 软件在智能体群中进行迭代的最简单的方式，如表 6-1 所示。

表 6-1 for 循环的两种形式

语　法	示　例

基于索引：
for(<initialization>；<continue condition>；
<increment>) {
　　<statements executed for each element>
}
	for(int i=0; i<group. size(); i++) {
	　　Object obj=group. get(i);
	　　if(obj instanceof ShapeOval) {
	　　　ShapeOval ov=(ShapeOval)obj;
	　　　ov. setFillColor(red);
	　　}
	}

集合迭代：
for(<element type> <name>：<collection>) {
　　<statements executed for each element>
}
	for(Product p：products) {
	　　if(p. getEstimatedROI()<minROI)
	　　　p. kill();
	}

(13) 在行动图中插入 for 循环，设置循环计数为 12，表示电子数据表中的 12 个数据实体，如图 6-70 所示。

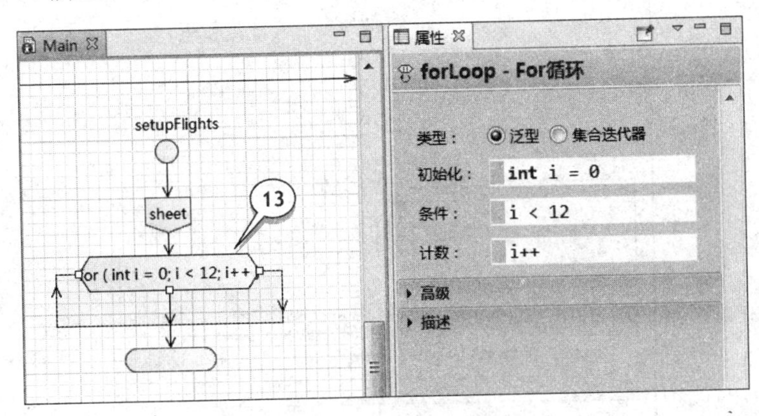

图 6-70 添加 for 循环

(14) 在 for 循环中再添加一个“局部变量”设置航班。创建一个额外的航班，通过 AnyLogic 的 add_<populationName>函数将其添加到 flights 群中，并使用局部变量 f 存储对新创建 Flight 智能体的引用，如图 6-71 所示。

(15) 最后，在 for 循环中插入代码，定义代码读取所选 Excel 文件中的数据。在代码区，输入下列代码如图 6-72 所示：

```
f.destination=excelFile.getCellStringValue (sheet, i+2, 1);
f.departureTime=excelFile.getCellDateValue (sheet, i+2, 2);
f.gate=(int)excelFile.getCellNumericValue (sheet, i+2, 3);
```

代码使用 getCellStringValue()函数读取电子表格中的文本。首先代码从电子表的第一列获取航班的目的地，然后将其分配到航班智能体的 destination 参数，再移动到电子表格的下一列获取航班的起飞时间和登机门号。

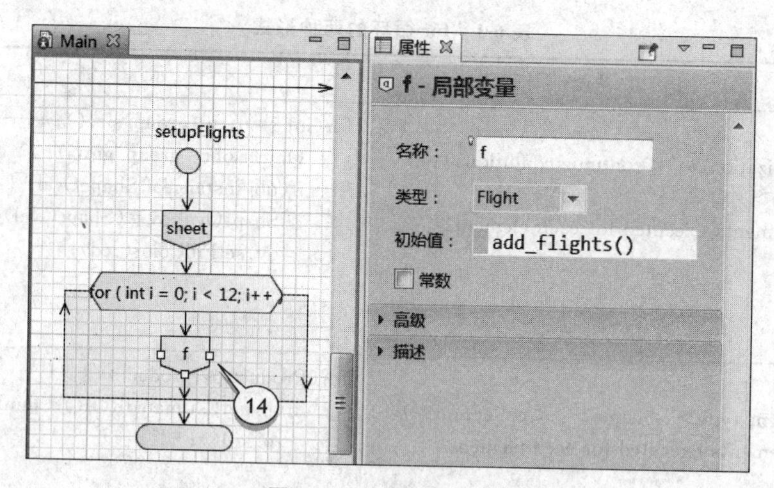

图 6-71 添加局部变量

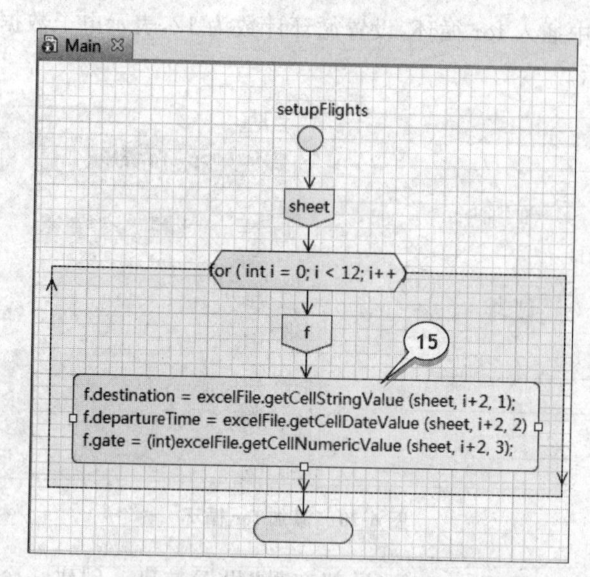

图 6-72 在 for 循环中插入代码

【从 Excel 文件中读取数据】

AnyLogic 软件 Excel 文件元素中的函数允许用户使用 Excel 文件，下面列出了读取数据最常用的方法。用户应通过存储在处理单元中的数据类型调用恰当的 getCellxxxValue()函数。

getCellNumericValue()：返回单元的数值值。

getCellStringValue()：返回单元的文本(字符串)值。

getCellBooleanValue()：返回单元的逻辑(布尔)值。

getCellDateValue()：返回单元的数据。

readTableFunction()：将电子表格中的数据读到表函数。

getSheetName()：获取指定的表名。

cellExists()：确定一个指定的单元是否存在。

【指定一个单元的方法】

通常，函数有三种符号，其单元的编址方式不同，如表 6-2 所示。

表 6-2　指定单元的方法

参　　数	单元编址使用	示　　例
int sheetIndex，int rowIndex，int columnIndex	3 个数字	getCellNumericValue(1，1，3)
String　sheetName，　int rowIndex，int columnIndex	表名和 2 个数字	getCellStringValue（" Sheet1 "，1，3)
String sheetName	一个名称，格式如下：＜sheetName＞！＜columnName＞＜rowNumber＞在假设第一个表的情况下，表名可以忽略	getCellDateValue("Sheet1！A3")

注意：Excel 行和列的数值系统编号始于 1，而不是 0。

(16) 定义第二个登机门，如图 6-73 所示。

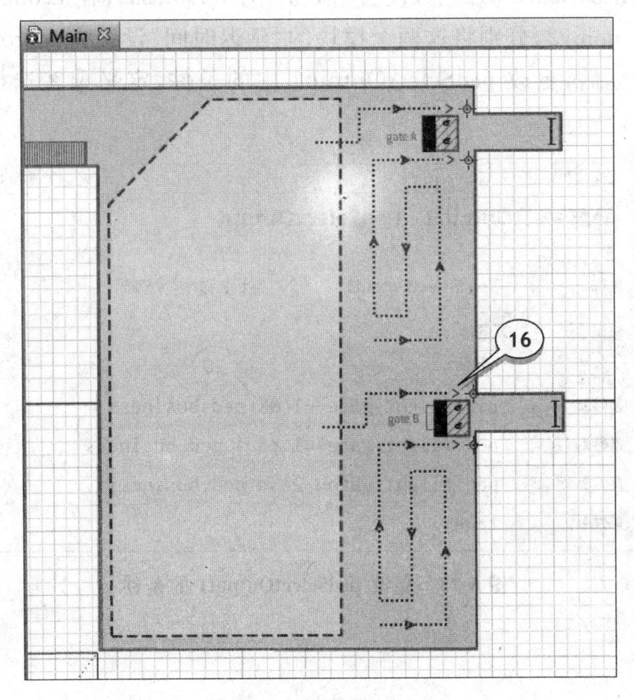

图 6-73　绘制登机门

① 添加 business2 和 economy2 两个线服务元素。

② 绘制矩形墙，表和女人图片。

③ 绘制目标线 gateLine2。

(17) 再添加两个 PedService 模块——businessBoarding2 和 economyBoarding2，连接到 PedSelectOutput 模块和 PedGoTo 模块之间。设置 PedSelectOutput 模块指引乘客到 4 个不同的端口，如图 6-74 所示。

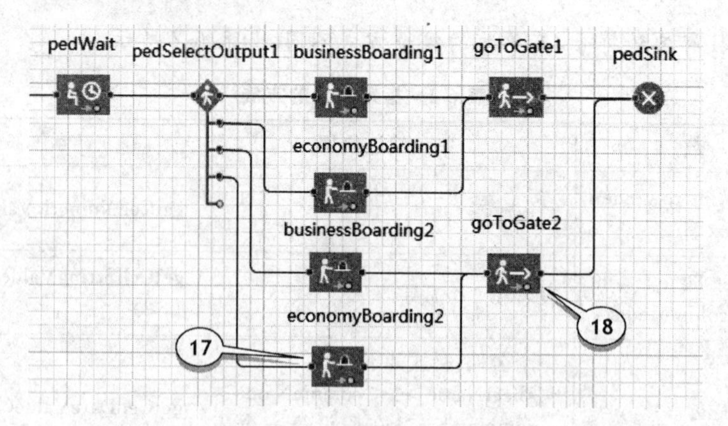

图 6-74 添加 PedService 模块

(18) 添加另一个 PedGoTo 模块，模拟乘客移动到第二个登机门，在该模块的目标线处选择 gateLine2。

(19) 在 businessBoarding2 中，设置"服务"为 business2；在 economyBoarding2 中，设置"服务"为 economy2，分别将这两个模块的"延迟时间"设置为 uniform(2,5)秒。

(20) 航班建立后，更改 pedSelectOutput1 中的条件，定义乘客选择哪个登机门，如图 6-75 所示。

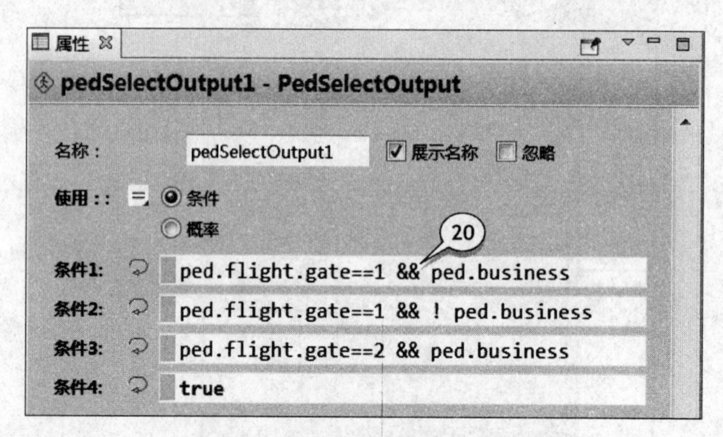

图 6-75 更改 pedSelectOutput1 的条件

【动态事件】

通过安排模型中用户定义行动的动态事件来设置机场的飞机起飞和乘客登机行动。一个模型中可以同时有若干相同动态事件安排的实例，且这些示例可通过存储在事件参数的数据进行初始化。

在下列情况下应在模型中使用动态事件：

- 希望在同一时间，安排若干事件执行相似的行动；
- 动态事件的行动依赖于指定的信息。

注意：由于 AnyLogic 将动态事件表示为一个 Java 类，动态事件的名称应以一个大写字母开始。

(21) 从“智能体”面板中将两个“动态事件”元素添加到 Main 图表，如图 6-76 所示。

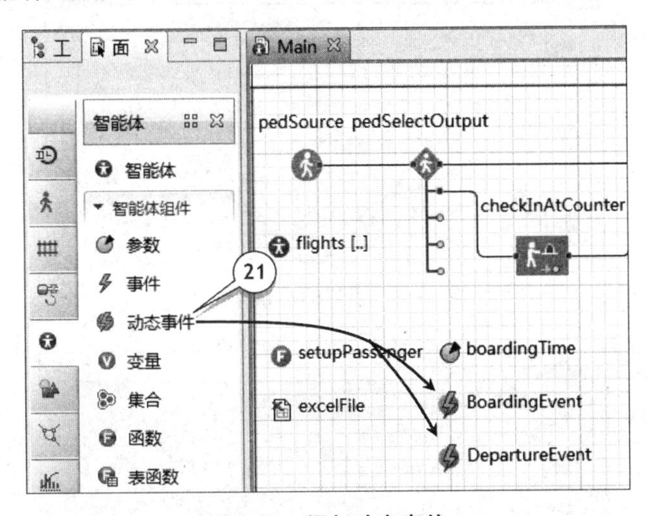

图 6-76 添加动态事件

(22) 通过将飞机航班从包括即将到来的飞机航班的智能体群中移除，利用动态事件 DepartureEvent 安排飞机的起飞时间。按图 6-77 所示的操作设置该动态事件。

(23) 第二个动态事件 BoardingEvent 安排飞机的登机行动，并创建动态事件 DepartureEvent的实例安排飞机在 40 分钟内起飞，如图 6-78 所示。

调用 create_<DynamicEventName>方法创建一个动态事件的实例。在本示例模型中，使用 create_DepartureEvent()函数创建动态事件 DepartureEvent。

(24) 将 pedWait 模块的“延迟结束”参数由“延迟时间到时”更改为“free()函数调用时”，以确保乘客能够在等待区内等待登机通知，如图 6-79 所示。

(25) 定义 startBoarding()函数模拟飞机登机流程的开始。对于给定的航班，该函数在等待登机的乘客中迭代，并通过调用该模块中的

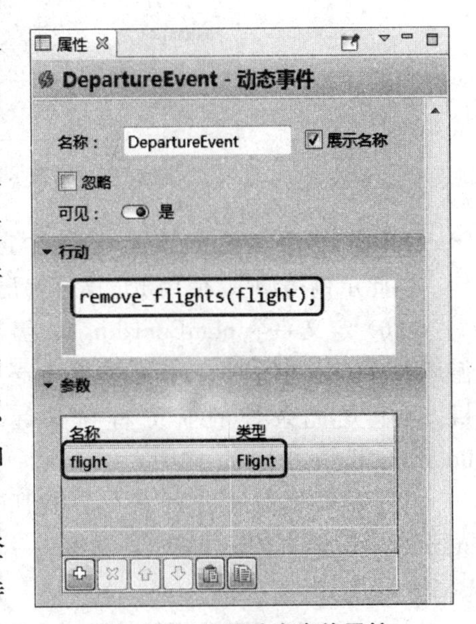

图 6-77 设置动态事件属性

图 6-78　设置动态事件属性

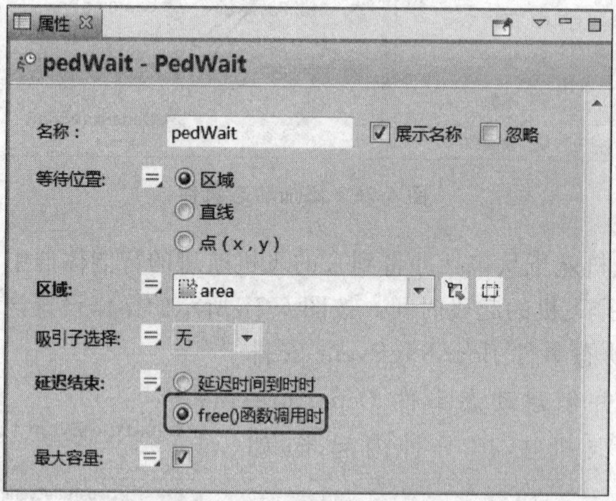

图 6-79　设置 pedWait 模块的“延迟结束”项

free()函数，使乘客在 pedWait 模块中定义的延迟时间内完成登机，如图 6-80 所示。

在此示例模型中，使用 for 循环遍历 flight 内部定义的 passengers 集合。

(26) 定义一个 planBoardings()函数安排所有注册航班的乘客登机。该函数在 for 循环中遍历智能体群 flights，使准备起飞的航班在登机时间结束之前快速完成乘客登机。不满足此条件的航班将在其起飞时刻的 40 分钟前进行登机流程，如参数 boardingTime 中定义，如图 6-81 所示。

If 运算符检查指定的条件。若所选的航班需完成登机，则安排其起飞，并调用 startBoarding()函数(将对该航班的引用作为函数的参数值)允许其登机；否则，安排 BoardingEvent 事件。

(27) 在 Main 图表“智能体行动”区的“启动时”文本框中，添加对函数 setupFlights()

属性
startBoarding - 函数
名称：
startBoarding
展示名称
忽略
可见：
是
只有行动（无返回）
返回值
参数
名称
类型
flight
Flight
函数体
for (Passenger p: flight.passengers)
{
pedWait.free(p);
}

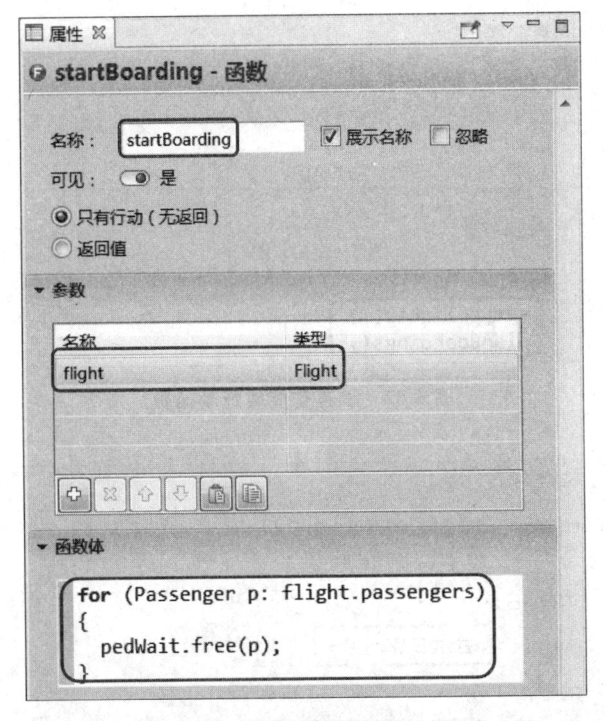

图 6-80　定义函数 startBoarding

函数体
for (Flight f: flights) {
double timeBeforeBoarding =
dateToTime(f.departureTime) - boardingTime;
if (timeBeforeBoarding >=0)
creat_BoardingEvent(timeBeforeBoarding, f);
else {
creat_DepartureEvent(dateToTime(f.departureTime),f);
startBoarding(f);
}
}

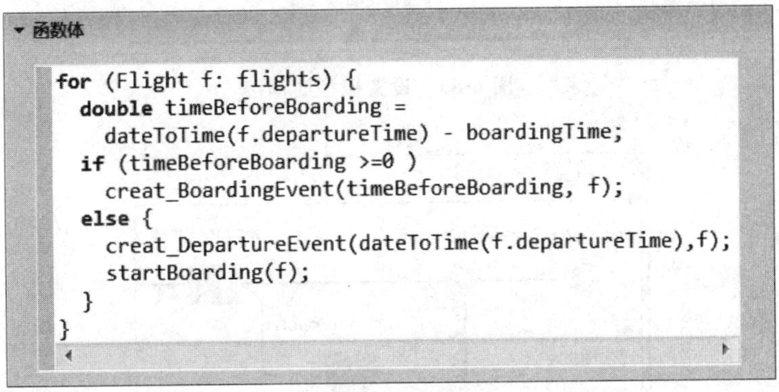

图 6-81　定义函数体

和 planBoardings()的调用，如图 6-82 所示。

将仿真的起始时间点约束为一个定义了起飞时间的 Excel 文件中的指定日期。

(28) 在“工程”视图中，选择 Simulation。在实验属性的“模型时间”区，选择“使用日历”，以确保仿真运行在真实的日历日期而不是运行在抽象的时间中，再将数据库中的“航班日期”设置为“开始日期”。

(29) “开始日期”设置为“21/12/2014,12:00:00”，在“停止”下拉列表框中，选择“在指定日期停止”选项，且“停止日期”设置为“ 21/12/2014,22:00:00”，如图 6-83 所示。

(30) 从“图片”面板中添加一个“时钟”元素，显示模型日期，如图 6-84 所示。

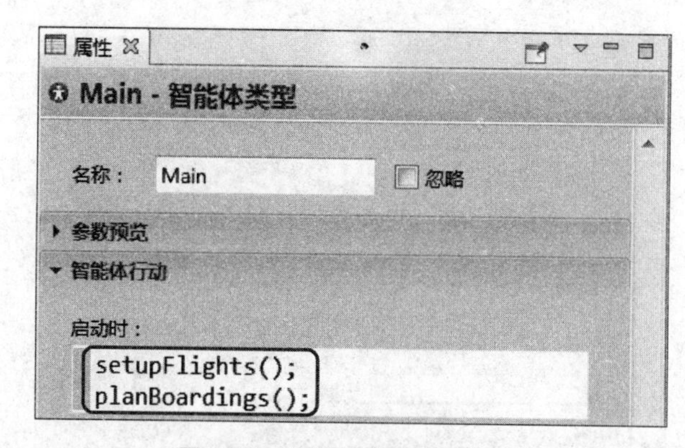

图 6-82　设置智能体行动函数

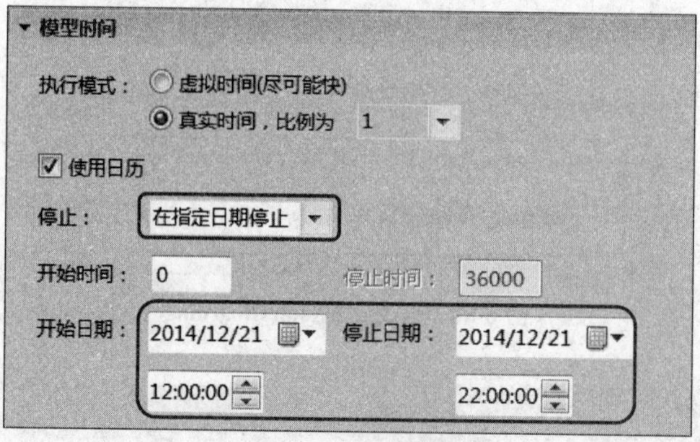

图 6-83　设置模型时间

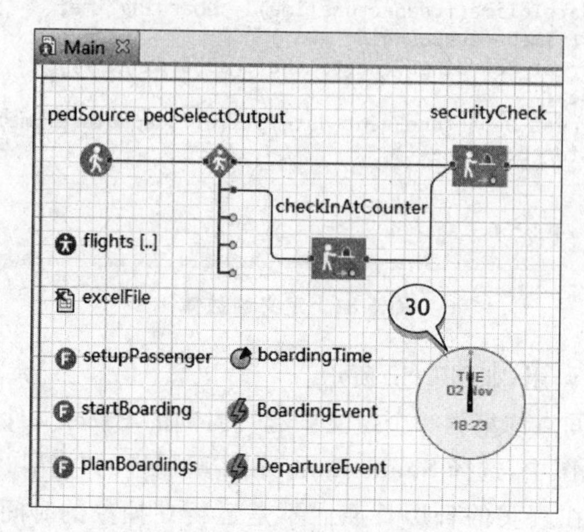

图 6-84　添加"时钟"元素

(31) 运行模型，视图中显示乘客在等待区等待登机通知，然后走向登机口。

此示例模型相比于前几个模型更加复杂，尤其是使用 AnyLogic 软件定义绘制了事件、函数和行动图的自定义逻辑。

AnyLogic 软件中的每个示例模型都展示了一个特定的建模技术，在开发仿真模型的步骤中，鼓励用户使用 AnyLogic 内置的帮助特征和示例模型。若希望对 AnyLogic 软件进行评估，可通过 AnyLogic 支持页面提出问题或发送反馈到 AnyLogic 支持团队，他们将非常乐于回答关于 AnyLogic 的提问，并能够解决任何建模中可能出现的问题。

参考文献

[1] Borshchev, A. The Big Book of Simulation Modeling. Multimethod modeling with AnyLogic 6. USA: Lightning Source Inc, 2014.

[2] Compartmental models in epidemiology. http://en. wikipedia. org/wiki/Compartmental_models_in_epidemiology, 2014. 6

[3] Conway's Game of Life. http://en. wikipedia. org/wiki/Conway's_Game_of_Life, 2014, 5.

[4] Geer Mountain Software Corporation (2002) Stat::Fit (Version 2) [Software]. Geer Mountain Software Corporation. http://www. geerms. com, 2014. 5.

[5] Oracle. Java™ Platform, Standard Edition 6. API Specification. http://docs. oracle. com/javase/6/docs/api/, 2013. 5.

[6] Random number generator. http://en. wikipedia. org/wiki/Random_number_generator, 2014. 6.

[7] Sterman, J. Business dynamics: Systems thinking and modeling for a complex world. New York: McGraw. 2014. 6.

[8] Sun Microsystems. Code Conventions for the Java TM Programming Language. http://www. oracle. com/technetwork/java/javase/documentation/codeconvtoc-136057. html, 2014. 5.

[9] System Dynamics Society. www. systemdynamics. org, 2014. 5.

[10] The AnyLogic Company. AnyLogic Help. http://www. anylogic. com/anylogic/help/, 2014. 6.

[11] The Game of Life. http://en. wikipedia. org/wiki/The_Game_of_Life, 2014, 6.

[12] UML state machine. http://en. wikipedia. org/wiki/UML_state_machine, 2014, 6.